CMP BOOKS

机工教育

U0151135

EPLAN电气设计

基础与应用

/ 第2版 /

闫聪聪　闫少雄　赵健　等/编著

机械工业出版社

CHINA MACHINE PRESS

本书以 EPLAN Electric P8 为设计平台，介绍了电气设计的方法和技巧，主要包括 EPLAN Electric P8 概述、原理图设计基础、文件管理、元件与设备、元件的电气连接、图形符号的绘制、原理图的后续操作、原理图中的高级操作、PLC 设计和报表输出等内容。本书的介绍由浅入深、从易到难，各章节既相对独立又前后关联。在介绍的过程中，编者根据自己多年的经验及教学心得，及时给出总结和相关提示，以帮助读者快速掌握相关知识。全书内容讲解翔实、图文并茂、思路清晰。

本书二维码链接中包含全书实例操作过程的视频讲解文件，同时随书附赠实例源文件，让读者可以方便、直观地学习本书内容，需要的教师可登录 www.cmpedu.com 免费注册，审核通过后下载，或联系编辑索取（微信：18515977506，电话：010-88379753）。

本书可作为高等院校电子信息、人工智能、通信、自动化等相关专业的教材，也可以作为电路设计及相关行业工程技术人员的参考用书。

图书在版编目（CIP）数据

EPLAN 电气设计基础与应用 / 闫聪聪等编著. —2 版. —北京：机械工业出版社，2024.3（2025.2 重印）
ISBN 978-7-111-75195-3

Ⅰ. ①E… Ⅱ. ①闫… Ⅲ. ①电气设备—计算机辅助设计—应用软件 Ⅳ. ①TM02-39

中国国家版本馆 CIP 数据核字（2024）第 043107 号

机械工业出版社（北京市百万庄大街 22 号　邮政编码 100037）
策划编辑：尚　晨　　　　　　责任编辑：尚　晨
责任校对：梁　园　李　婷　　责任印制：张　博
北京雁林吉兆印刷有限公司印刷

2025 年 2 月第 2 版第 3 次印刷
184mm×260mm · 22.25 印张 · 566 千字
标准书号：ISBN 978-7-111-75195-3
定价：79.00 元

电话服务　　　　　　　　　　网络服务
客服电话：010-88361066　　机 工 官 网：www.cmpbook.com
　　　　　010-88379833　　机 工 官 博：weibo.com/cmp1952
　　　　　010-68326294　　金 书 网：www.golden-book.com
封底无防伪标均为盗版　　机工教育服务网：www.cmpedu.com

前　言

党的二十大报告提出"实施科教兴国战略，强化现代化建设人才支撑。"强调要深化教育领域综合改革，加强教材建设和管理。为了响应党中央的号召，我们在充分进行调研和论证的基础上，精心编写了这本教材。

EPLAN 工程中心是一个控制中心，它建立了机械、电气和控制工程同文档之间的桥梁。一个模块化的控制系统能够管理机械和设备安装之间不同的变量，实现独立的管理使得有特殊要求的文档能够被自动配置。同时，EPLAN 工程设计中心（EEC）增强了质量意识并且允许数据重复使用，降低了错误的风险。

EPLAN 多年来一直致力于统一的数字化方案，EPLAN P8 2022 版本特别针对这一主题进行了更新。EPLAN P8 2022 平台提供了开创性的新功能，涵盖软件的所有功能范围和流程步骤。

EPLAN 平台软件以 EPLAN Electric P8 2022 为基础平台，实现跨专业的工程设计。平台软件包括 EPLAN Electric P8 2022、EPLAN Cogineer、EPLAN Pro Panel、EPLAN Data Portal、EPLAN Fluid、EPLAN Preplanning 和 PLAN Harness proD。在不同的专业领域中可使用不同的平台进行设计。

全书以 EPLAN Electric P8 2022 为平台，融入课程思政元素，介绍了电气设计的方法和技巧，主要包括 EPLAN Electric P8 概述、原理图设计基础、文件管理、元件与设备、元件的电气连接、图形符号的绘制、原理图的后续操作、原理图中的高级操作、PLC 设计和报表输出等内容。为了配合教学的需要，随书配赠了电子资料包，包含全书实例操作过程 AVI 文件和实例源文件。读者可通过扫描书中二维码观看相关知识点和授课视频。同时，本书配有电子教案、教学大纲、习题及参考答案等电子资源，需要的教师可登录 www.cmpedu.com 免费注册，审核通过后下载使用，或联系编辑索取（微信：18515977506，电话：010-88379753）。

本书由闫聪聪、闫少雄、赵健等编著。河北工业大学的闫聪聪编写了第 1～5 章，中国电子科技集团公司第五十四研究所的闫少雄编写了第 6～9 章，洛阳职业技术学院的赵健编写了第 10 章。本书 EPLAN 软件仿真电路图中的一些电气图形符号与国标中的不一致，读者可参考相应国标。

由于编者水平有限，书中不足之处在所难免，望广大读者登录网站 www.sjzswsw.com 或发送邮件到 714491436@qq.com 批评指正，编者将不胜感激；也可以加入 QQ 群：660309547 参与交流探讨。

编　者

目　录

第1章 EPLAN Electric P8 概述

素养目标

➢ 通过本章的介绍,学生可以初步理解 EPLAN Electric P8 2022 的内容及框架

➢ 通过介绍EPLAN Electric P8 2022 的主要特点激发学生对专业的热爱,引导学生探索未知、追求真理、勇攀高峰的责任感和使命感

技能目标

➢ 了解课程学习目标与方法

➢ 了解课程的知识构架

➢ 掌握 EPLAN Electric P8 2022 的基本文件管理方法

项目导读

EPLAN 工程中心是一个控制中心,它建立了机械、电气和控制工程和文档之间的桥梁。一个模块化的控制系统能够管理机械和设备安装之间不同的变量,实现独立的管理,使有特殊要求的文档能够被自动配置。EPLAN 工程设计中心(EEC)增强了质量意识并且允许数据重复使用,降低了错误的风险。

本章将具体介绍 EPLAN Electric P8 2022 的基本特点、软件平台及工作环境,旨在使读者熟悉软件界面并为后面的操作使用打好基础。

1.1 EPLAN Electric P8 2022 的主要特点

EPLAN 多年来一直致力于统一的数字化方案,EPLAN Electric P8 2022 版本特别针对这一主题进行了更新。EPLAN Electric P8 2022 平台提供了开创性的新功能,涵盖软件的所有功能范围和流程步骤。

该版本同样注重工程设计主题,使用 EPLAN 进行日常工作将更加简便,主要特点包括下面几个方面:

1)后台视图提供了与项目相关的所有操作的逻辑组织;用户可以直接打开备份文件,从而可以更轻松地访问其项目;也可以轻松访问最近使用的项目列表;后台视图有助于删除界面中不需要的功能。

2)全面的搜索功能使用户可以使用熟悉的术语轻松找到所需的组件;通过"收藏夹",用户可以标记其最常用的组件并进行存储以方便访问;使用标签管理系统,用户可以将标签分配给符号、宏或零件,并根据工作流程或任务对其进行分组,这样,可以轻松快捷地找到各个组件;图形预览图块可在选择所需组件之前进行视觉验证。

3)提供了新的模板、符号和图框,对于新手来说,开始新的设计变得容易得多。新平台可提供多种其他选项,以便适应市场上常见的程序和工作流程。

4)Electric P8 和 EPLAN Pro Panel 的直接集成使项目的上传和下载变得很方便,也可以使用 ZW1 格式通过浏览器上传项目。

1.2 初识 EPLAN Electric P8 2022

进入 EPLAN Electric P8 2022 的主窗口后，立即就能领略到 EPLAN Electric P8 2022 界面的精致、形象和美观，如图 1-1 所示。用户可以在该窗口中进行项目文件的操作，如创建新项目、打开文件等。

图 1-1　EPLAN Electric P8 2022 的操作界面

注意：在默认情况下，EPLAN Electric P8 2022 的默认界面是黑色背景、白色线条，这不符合大多数用户的操作习惯，因此很多用户对界面颜色进行了修改。执行"选项"→"设置"菜单命令，打开"设置"对话框，如图 1-2 所示，选择"用户"→"显示"→"用户界面"选项，在"用户界面设计"选项组默认选择"浅色"，单击"应用"按钮，将默认的深色界面切换为浅色界面，如图 1-1 所示。

主窗口类似于 Windows 的界面风格，主要包括标题栏、快速访问工具栏、菜单栏、功能区、工作区、十字光标、导航器、导航器标签、插入中心、状态栏等。

1. 标题栏

标题栏位于工作区的上方，主要显示软件名称、软件版本、当前打开的文件名称、文件路径与文件类型（扩展名）。在标题栏中，显示了系统当前正在运行的应用程序和用户正在使用的文件。

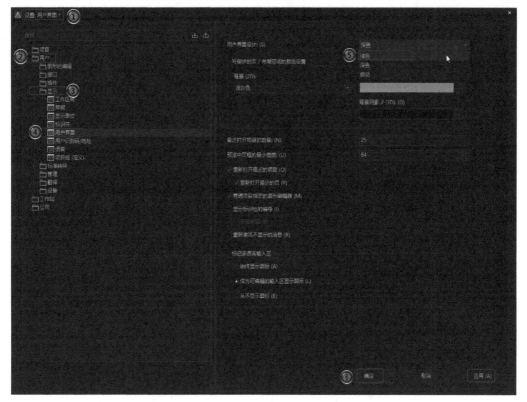

图 1-2　"显示界面"选项卡

2．快速访问工具栏

快速访问工具栏位于标题栏左侧，在功能区上方显示。常用的工具栏包括"上一页""下一页""列表撤销""撤销""恢复""列表恢复""关闭项目"，如图 1-3 所示。

图 1-3　快速访问工具栏

3．菜单栏

菜单栏包括"项目""页""布局空间""编辑""视图""插入""项目数据""查找""选项""工具""窗口""帮助"12 个菜单按钮。

4．功能区

在系统默认情况下，功能区包括"文件""开始""插入""编辑""视图""设备""连接""工具""预规划""主数据"选项卡，如图 1-4 所示；每个选项卡集成了相关的操作工具，用户可以单击功能区选项后面的 ▼ 按钮控制该功能的展开与收起。

图 1-4　系统默认情况下出现的选项卡

5．导航器

在 EPLAN Electric P8 2022 中，可以使用系统型导航器和编辑器导航器两种类型的面板。系统型导航器在任何时候都可以使用，而编辑器导航器只有在相应的文件被打开时才可以使用。使用导航器是为了便于设计过程中的快捷操作。EPLAN Electric P8 2022 被启动后，系统将自动激活"页"导航器和"图形预览"导航器，如图 1-5 所示，可以单击"页"导航器底部的标签"树""列表"，实现在不同面板之间的切换，如图 1-6 所示。

图 1-5　"页"导航器和"图形预览"导航器　　　图 1-6　"树""列表"面板之间的切换

导航器有自动浮动显示和锁定显示两种显示方式，▼按钮用于在各种导航器之间进行切换操作，卑和卜按钮用于改变导航器的显示方式，✕按钮用于关闭当前导航器。

6．状态栏

状态栏显示在屏幕的底部，如图 1-7 所示。在左侧显示工作区鼠标放置点的坐标。

图 1-7　状态栏

7．十字光标

在原理图工作区中，有一个作用类似光标的"十"字线，其交点坐标反映了光标在当前坐标系中的位置。在 EPLAN 中，将该"十"字线称为十字光标。

8．插入中心

插入中心是设计对象（符号、宏或设备）的资源管理器，通过它可以轻松快捷地找到各个组件并把它们拖动到电气原理图中。插入中心的导航器位于图形编辑器或布局空间的右边缘，与弹出导航器一样，可以停靠或取消停靠。每个打开的页面或布局空间都有一个单独的插入中心。

在 EPLAN Electric P8 2022 系统原理图编辑环境中自动打开"插入中心"导航器，默认情况下固定在工作区右侧，第一次启动插入中心时，组件资源管理器默认打开的文件路径为"开始"，如图 1-8 所示。

使用"插入中心"导航器，可以在内容显示框中观察资源管理器所浏览资源的细节。

图 1-8　"插入中心"导航器

1.3　EPLAN Electric P8 2022 的文件管理

对于一个成功的企业，技术是核心，健全的管理体制是关键。同样，评价一个软件的好坏，文件的管理系统也是很重要的一个方面。EPLAN Electric P8 2022 提供了两种文件——项目文件和设计时生成的图纸页文件。设计图纸时生成的图纸页文件可以放在项目文件中，也可以单独放置。

1.3.1　项目文件

EPLAN 中存在两种类型的项目——宏项目和原理图项目。宏项目用来创建、编辑、管理和快速自动生成宏（部分或标准的电路），这些宏包括窗口宏、符号宏和页面宏。宏项目中保存着大量的标准电路，标准电路间不存在控制间的逻辑关联，不像原理图项目那样描述一个控制系统或产品控制的整套工程图纸（各个电路间有非常清楚的逻辑和控制顺序）。

原理图项目是一套完整的工程图形项目，项目图纸中包含电气原理图、单线图、总览图、安装板和自由绘图，同时还包含存入项目中的一些主数据信息。

在 EPLAN Electric P8 2022 中，EPLAN 主数据的核心是指符号、图框和表格。符号是在电气或电子原理图上用来表示各种电器和电子设备的图形（导线、电阻电容、晶体管、熔断器等）。图框是电气工程制图中图纸上限定绘图区域的线框。完整的电气图框通常由边框线、图框线、标题栏和会签栏组成。表格是指电气工程项目设计中，根据评估项目原理图图纸，所绘制的项目需要的各种图表，包括项目的封页、目录表、材料清单、接线表、电缆清单、端子图表、PLC 总览表等。

主数据除核心数据外，还包括部件库、翻译库、项目结构标识符、设备标识符集、宏电路和符合设计要求的各种规则和配置。

当一个外来项目中含有与主数据不一样的符号、图框、表格时，可以用项目数据同步系统主数据，将同步的信息用于其他项目。

选择菜单栏中的"工具"→"主数据"→"同步当前项目"命令，弹出"主数据同步"

对话框，如图 1-9 所示，查看项目主数据和系统主数据的关系。

图 1-9 "主数据同步"对话框

在左侧"项目主数据"列表下显示项目主数据信息，该列表下显示的信息包括三种状态："新的""相同""仅在项目中"。"新的"表示项目主数据比系统主数据新；"相同"表示项目主数据与系统主数据一致；"仅在项目中"表示此数据仅仅在此项目主数据中。

在右侧"系统主数据"列表下显示系统主数据信息。状态包括"相同"和"未复制引入"，"相同"表示系统主数据与项目主数据一致，"未复制引入"表示此数据仅在系统主数据中，并且项目主数据中没有使用。

选择"项目主数据"列表中的数据，单击"向右复制"按钮 →，可将数据由项目中复制到系统主数据中；选择"系统主数据"列表中的数据，单击"向左复制"按钮 ←，可将数据由系统中复制到项目主数据中。

单击 更新 (U) ▾ 按钮或该按钮下拉列表中的"项目""系统"选项，可以快速一次性地更新项目主数据或系统主数据。

EPLAN 中的项目是以一个文件夹的形式保存在磁盘上的，常规的 EPLAN 项目由*.edb 和*.elk 组成。*.edb 是个文件夹，其内包含子文件夹，这里存储着 EPLAN 的项目数据。*.elk 是一个链接文件，当双击它时，会启动 EPLAN 并打开此项目。

1.3.2 图纸页

一个工程项目图纸由多个图纸页组成，典型的电气工程项目图纸包含封页、目录表、电气原理图、安装板、端子图表、电缆图表、材料清单等图纸页。

EPLAN 中含有多种类型的图纸页，不同类型的图纸页的含义和用途不同，为方便区分，每种类型的图纸页以不同的图标显示。

按生成的方式分，EPLAN 中页的分类有两类，即交互式和自动式。交互式即为手动绘制图纸，设计者与计算机互动，根据工程经验和理论设计图纸。自动式图纸是根据评估逻辑图纸生成。

交互式图纸包括 11 种类型，具体描述如下。

- 单线原理图（交互式）：单线图是功能的总览表，可与原理图互相转换/实时关联。
- 多线原理图（交互式）：电气工程中的电路图。
- 管道及仪表流程图（交互式）：仪表自控中的管道及仪表流程图。
- 流体原理图（交互式）：流体工程中的原理图。
- 安装板布局（交互式）：安装板布局图设计。
- 图形（交互式）：无逻辑绘图。
- 外部文档（交互式）：可与外界连接的文档。
- 总览（交互式）：描述总览功能。
- 拓扑（交互式）：原理图中布线路径二维网络设计。
- 模型视图（交互式）：基于布局空间 3D 模型生成的 2D 绘图。
- 预规划（交互式）：用于预规划模块中的图纸页。

EPLAN Electric P8 2022 支持项目级别的文件管理，在一个项目文件里包括设计中生成的一切文件。一个项目文件类似于 Windows 系统中的"文件夹"，在项目文件中可以执行对文件的各种操作，如新建、打开、关闭、复制与删除等。但需要注意的是，项目文件只负责管理，在保存文件时，项目中各个文件是以单个文件的形式保存的。

如图 1-10 所示为任意打开的一个项目文件。从该图可以看出，该项目文件包含了与整个设计相关的所有文件。

图 1-10　打开的项目文件

第 2 章　原理图设计基础

素养目标

➢ 了解 EPLAN Electric P8 2022 框架内容，对其基本设置有较清楚的认识，培养探究精神

➢ 逐步培养读者勤于动手、乐于实践的学习习惯

技能目标

➢ 了解软件的操作界面和主要功能

➢ 了解如何设置图纸和工作环境

项目导读

在 EPLAN Electric P8 2022 环境下，整个电路图的设计过程先是设置原理图编辑环境，创建项目与页，并进行编辑环境设置等操作，接着需要放置电路图的组成部分，包括符号、设备等电路部件，并进行布局、属性设置。

2.1　原理图图纸设置

原理图设计是电路设计的第一步，是制板、报表等后续步骤的基础。因此，一幅原理图的正确与否，会直接关系到整个设计是否能够成功。另外，为了方便自己和他人读图，原理图的美观、清晰和规范也是十分重要的。

2.1.1　电气图的分类

在电气图的绘制过程中，可以根据所要设计的电路图的复杂程度，先对电气图图纸进行设置。虽然在进入电路原理图的编辑环境时，EPLAN Electric P8 2022 会自动给出相关的图纸默认参数，但是在大多数情况下，这些默认参数不一定适合用户的需求，尤其是图纸尺寸。用户可以根据设计对象的复杂程度来对图纸的尺寸及其他相关参数进行重新定义。

1. 图纸分类

电气图纸分为三个类别，分别为柜体图纸、区域图纸和工位图纸。所有图纸中涉及标准柜体（其中包括 MCP/VFP/HMI/PB/BS/SW/JB/TS/TJB）的名称时，需使用全称表示，如 EC-BMP-B1-UB1-010&030-MCP01；机器人控制柜、焊接控制柜、涂胶控制柜、螺柱焊控制柜、修磨器、阀体、IP67 模块、电机、区域扫描仪、光栅、光栅复位盒、急停盒等均使用简称，如 UB1-010-RC01。

- 柜体图纸：使用柜体名称来命名，如 MCP、VFP、SW、HMI、JB 等标准柜体，包括柜内布局图、电源分配图、通信图、接线图、柜体本体图、BOM 等。
- 区域图纸：包括柜体间电源连接图、网络连接图、特殊线缆图、接地图等。
- 工位图纸：按工位夹具名称来命名，工位内各夹具、设备、模块、阀体、传感器等连接图。

2. 图纸系统结构

通常采用根据工艺划分的区域进行图纸的绘制，针对一个完整的工程项目，EPLAN 绘

图通常采用二级结构。

- 高层代号：可分为基本设计、原理图、施工设计。
- 位置代号：为高级代号的下一级结构。

不同类型的原理图对应不同的表格类型，具体见表 2-1。

表 2-1　图纸结构类型

位置代号	名称	对应表格
List	目录	*.f06
Nation	图框文档	*.f15
Identifiers	结构标识符总览	*.f24
PLC101	多线原理图（交互式）	图形*.f28
CabinetLayout	安装版布局（交互式）	图形*.f28
TermibalView	端子图表	*.f13

注：根据需要建立不同类型的图纸时，会自动提示需要的表格。

页结构命名方式一般采用的是高层代号+位置代号+页名，也可以采用高层代号+页名的方式，建议使用高层代号+页名这种页结构方式，这种结构看上去省略了位置代号，但是在绘制电气图时在相应的图纸中仍然有位置代号（使用了位置盒）。

3. 图纸编号

为了方便对绘制完成的图纸进行查找与区分，为图纸添加编号，编号格式如图 2-1 所示，不同符号与数字代表不同的含义。

图 2-1　图纸编号格式

4. 图纸组成

图纸中包含不同的组成部分，下面简单介绍这些概念。

- 符号：是元件的图形化表示。使用图形标识一个设备或概念的元件、标记或符号。
- 设备：由一个或多个元件组成，例如接触器线圈和触点，其中，线圈和触点是元件，也可称之为主功能线圈和辅助功能触点。
- 元件：在原理图设计中元件以元件符号的形式出现。元件是组成设备的个体单位。
- 黑盒：由图形元素构成，代表物理上存在的设备，通常用黑盒描述标准符号库中没有的符号。

- 结构盒：表示隶属现场同一位置，功能相近或者具有相同页结构的一组设备，与黑盒不一样，它不是设备，但它有设备标识名称，只是一种示意。
- PLC 盒子：描述 PLC 系统的硬件描述，例如数字输入输出卡、模拟输入输出卡、电源单元等。

2.1.2　图框

图框是项目图纸的一个模板，每一页电气图纸共用一个图框，如图 2-2 所示。图框的构成主要以说明整个项目为目的，主要包括的内容有：设计或制图人、审核人、项目号、项目名称、客户名称、当前页内容、总页数、当前页数、版本号等，说明部分主要体现在标题栏中，如图 2-3 所示。

图 2-2　图框

			项目名称	ESS_Sample_Project		项目编号	
			磨床			001	
						图号	
修改	日期	姓名	创建者	EPL		批准人	

| EPLAN Software & Service GmbH & Co. KG | | 气动柜 | |
| | | 日期　2017-6-22　校对 | EPL |

	=	&MTL11	
		安装板布局	
	+	页	1
		页数　　21　从	260

图 2-3　标题栏

为了后续设计需要，建议制作图框时做成和 EPLAN P8 GB 类似的 A3 图框，即图框中有行和列，并做适当的修改。因为 GB A3 图框的制图信息放在图框的右下角会干扰图框右部电气元件的放置，建议制图信息这部分适当采用 EPLAN P8 IEC A3 图框部分。

当需要在图上显示出图的某一部分，如功能单元、结构单元、项目组时，可用点画线图框表示。如在图上含有安装在别处而功能与本图相关的部分，这部分可加双点画线。

选择菜单栏中的"工具"→"主数据"→"图框"→"新建"命令，弹出"创建图框"对话框，如图 2-4 所示，选择图框模板，输入新图框名称，默认保存在 EPLAN 数据库中。

图 2-4 "创建图框"对话框

完成路径设置后，单击"保存"按钮，弹出"图框属性-新图框"对话框，显示创建的新图框参数，显示栅格值、触点映像间距、非逻辑页显示列号，如图 2-5 所示。

图 2-5 "图框属性-新图框"对话框

单击 + 按钮，弹出如图 2-6 所示的"属性选择"对话框，在该对话框中选择图框属性，选中"行数""列数"，如图 2-7 所示；单击 🗑 按钮，删除图框属性。

图 2-6 "属性选择"对话框

图 2-7 "图框属性-新图框"对话框

完成属性设置后，单击"确定"按钮，完成新图框的创建，在"页"导航器中显示创建的新图框，如图 2-8 所示。

图 2-8 创建的新图框

2.1.3 报表

EPLAN 中的各类报表基本上都是自动生成的，常用的包括：目录、部件列表、柜体清单等。需要注意的是，在绘图过程中不先确定先后顺序，而是一般先绘制详细的原理图（标注器件的型号、厂商、名称等信息），基于原理图信息快速生成各类报表文件和清单，不需要重复编辑。图框和报表一般放置在 EPLAN 默认位置，图框和表格更新变动时，原理图会自动进行更新。

2.2　工作环境设置

在原理图的绘制过程中，其效率和正确性往往与环境参数的设置有着密切的关系。参数设置的合理与否，会直接影响到设计过程中软件的功能是否能得到充分发挥。

在 EPLAN Electric P8 2022 电路设计软件中，原理图编辑器工作环境的设置是通过原理图的"设置"对话框来完成的。

选择菜单栏中的"选项"→"设置"命令，系统将弹出"设置"对话框，在该对话框中主要有 4 个标签页，即"项目""用户""工作站"和"公司"，如图 2-9 所示。

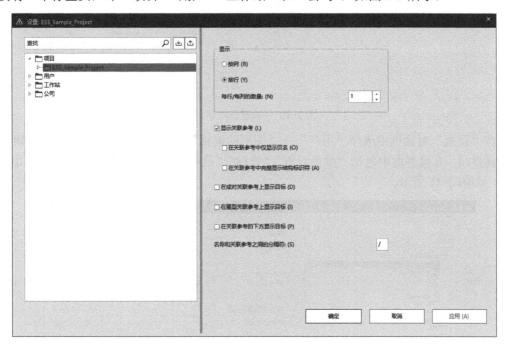

图 2-9　"设置"对话框

在对话框的树形结构中显示 4 个类别的设置：项目指定的、用户指定的、工作站指定的和公司指定，该类别下分别包含更多的子类别。

2.2.1　设置主数据存储路径

在 EPLAN 安装过程中，已经设置系统主数据的路径、公司代码和用户名称，EPLAN 自动把目录数据保存在默认路径下，若需要重新修改，在"设置"对话框中选择"用户"→"管理"→"目录"，设置主数据存储路径，如图 2-10 所示。

2.2.2　设置图形编辑环境

EPLAN Electric 图形编辑环境使用不同的颜色来显示各个电路组成部件，以便于区分。用户可以根据个人习惯进行设置，并且可以决定是否在编辑器内显示属性名称。下面以二维图形编辑环境为例讲述编辑环境的设置方法。

图 2-10　"设置"对话框

在"设置"对话框中选择"用户"→"图形的编辑"→"2D",打开二维图形编辑环境的设置界面,在该界面中包括"颜色设置""光标""鼠标滚轮功能"和"默认栅格尺寸"选项组,如图 2-11 所示。

图 2-11　"2D"选项卡

1. "颜色设置"选项组

该选项组用于设置编辑环境不同对象的颜色。

在"配置"下拉列表中显示二维编辑环境背景色,可选择颜色包括白色、灰色、黑色、浅灰色。在"外部符号""成对关联参考""隐藏元素""电位跟踪"选项下单击颜色显示框,系统将弹出如图 2-12 所示的颜色选择对话框,在该对话框中可以设置选中对象的颜

色。单击 ≫ 按钮，扩展颜色选择对话框，如图 2-13 所示，单击 ≪ 按钮，则返回简易的颜色
选择对话框，选中对象颜色后，单击"确定"按钮，关闭对话框。

图 2-12　颜色选择对话框

图 2-13　颜色选择扩展对话框

2. "光标"选项组

该选项组主要用于设置光标的类型。在"显示"下拉列表框中，包含"十字线"和"小
十字"两种光标类型，如图 2-14 所示。

a) 小十字　　　　　　　　　　　　　　b) 十字线

图 2-14　光标显示类型

系统默认为"十字线"类型，即光标在原理图中以十字线显示。选择光标的类型"小十
字"，光标在原理图中以小十字显示，在该选项下还可激活"放置符号和宏时的显示十字
线"复选框，即光标在原理图中一般以小十字显示，但当放置符号和宏时，光标在原理图中
以十字线显示。

3. "默认栅格尺寸"选项组

进入原理图编辑环境后，编辑窗口的背景是网格型的，这种网格是可视网格，是可以改

变的。网格为设备的放置和线路的连接带来了极大的方便，使用户可以轻松地排列设备和整齐地走线。EPLAN 提供了"栅格 A""栅格 B""栅格 C""栅格 D""栅格 E"共 5 种网格，对这 5 种网格大小进行具体设置，如图 2-15 所示。

图 2-15　栅格大小设置

4."鼠标滚轮功能"选项组

该选项组主要用于设置系统的鼠标滚轮在图纸中的操作功能，使用鼠标滚轮，可移动或缩放图纸。有 2 个选项可以供用户选择，即"如文字处理"和"如 CAD"。

- 如文字处理：选择该单选钮，鼠标滚轮使用功能与 Word 等文字处理软件中使用方法相同。即鼠标滚轮上下滑动时，图纸上下移动。
- 如 CAD：选择该单选钮，鼠标滚轮使用功能与 CAD 中方法相同。即鼠标滚轮上下滑动时，图纸放大或缩小；按住鼠标滚轮上下滑动时，图纸上下移动。

5．选项设置

- 最小字号：勾选该复选框，设置图形编辑环境中文字大小的最小值，默认为 2mm。
- 显示隐藏元素：勾选该复选框，图形编辑环境中显示所有隐藏的元素。
- 打印或导出隐藏元素：勾选该复选框，打印图纸时显示、导出所有隐藏的元素。
- 显示工具条提示：勾选该复选框，在图纸中显示工具条提示。
- 显示属性名称：勾选该复选框，在图纸中显示设备或符号等对象的属性名称。

三维图形编辑环境设置与二维图形编辑环境类似，这里不再赘述。

第3章 文件管理

素养目标
➤ 把固化的东西活学活用，对相关知识有正确和科学的认识
➤ 在掌握技能的同时，培养读者善于钻研、勤于思考的精神
技能目标
➤ 掌握项目管理基本方法
➤ 掌握图纸管理基本方法
项目导读

对于一个成功的企业来说，技术是核心，健全的管理体制是关键。同样，评价一个软件的好坏，文件管理系统是很重要的一个方面。本章将详细讲解 EPLAN 中的文件管理系统与对应的功能区设置。

3.1 项目管理

新建一个项目文件后，用户界面将弹出一个活动的项目管理器窗口"页"导航器，如图 3-1 所示。

图 3-1 项目管理器

　　EPLAN 中项目文件夹下放置了不同的文档进行管理，为了合理进行项目管理，可以将 EPLAN 中项目结构设定为描述性的，这样能便于浏览和管理，如图 3-2 所示。

图 3-2　项目管理结构图

3.1.1　项目管理数据库

　　项目管理始终与 Projects.mdb 项目管理数据库一同打开，将目录读入项目管理中，然后通过项目管理访问此目录中的全部项目。项目管理数据库包括 Access 和 SQL 服务器。

　　选择菜单栏中的"项目"→"管理"命令，设置管理的项目文件目录。选择该命令后，弹出如图 3-3 所示的"项目管理数据库"对话框，显示"Access（访问）"与"SQL 服务器"路径。

图 3-3　"项目管理数据库"对话框

EPLAN 默认使用的数据库是 Access，但是当部件库过大时，在查找、编辑等操作时，将会变得非常缓慢，所以这时候需要考虑使用 SQL 部件库。使用 SQL 不仅可安装在本地（个人用），还可以运行到云端或局域网服务器（多人用），但 SQL 部件库需要定时升级。

单击 📂 按钮，弹出"选择项目管理数据库"对话框，如图 3-4 所示，重新选择 Access 数据库路径；单击 ➕ 按钮，弹出"新建 Access 数据库"对话框，如图 3-5 所示，新建 Access 数据库路径。

图 3-4 "选择项目管理数据库"对话框

图 3-5 "新建 Access 数据库"对话框

3.1.2 项目的打开、创建与删除

常规的原理图项目可以分为不同的项目类型，每种类型的项目又可以处在设计的不同阶段，因而有不同的含义。例如，常规项目是描述一套图纸的基本内容，而修订项目则是描述这套图纸版本有了变化。

1. 打开项目

选择菜单栏中的"项目"→"打开"命令，弹出如图 3-6 所示的"打开项目"对话框，打开已有的项目。在图中"文件类型"下拉列表中显示打开项目时，可供选择的原理图项目

类型有以下几种。

图 3-6 "打开项目"对话框

原理图项目类型扩展名及其含义如下。

- *.elk：可编辑的 EPLAN 项目。
- *.ell：可编辑的 EPLAN 项目，带有变化跟踪。
- *.elp：压缩成包的 EPLAN 项目。
- *.els：归档的 EPLAN 项目。
- *.elx：归档并压缩成包的 EPLAN 项目。
- *.elr：已关闭的 EPLAN 项目。
- *.elt：临时的 EPLAN 参考项目。

2．创建项目

在进行工程设计时，通常要先创建一个项目文件，这样有利于对文件的管理。

1）选择菜单栏中的"项目"→"新建"命令，弹出如图 3-7 所示的对话框，创建新的项目。

图 3-7 "创建项目"对话框

2）在"项目名称"文本框下输入创建新的项目名称。在"页"面板中显示创建的新项目。

3）在"保存位置"文本框下显示要创建的项目文件的路径，单击 按钮，弹出"选择文件夹"对话框，选择路径文件夹，如图 3-8 所示。

图 3-8　"选择文件夹"对话框

4）在"基本项目"文本框中，单击 按钮，弹出"选择基本项目"对话框，选择基本项目，如图 3-9 所示。

图 3-9　"选择基本项目"对话框

5）完成项目参数设置后，单击"确定"按钮，关闭对话框，弹出如图 3-10 所示的"项目属性：新项目"对话框。根据选择的模板设置创建项目的参数，同样也可以在属性对话框中添加或删除新建项目的属性。

6）完成属性设置后，关闭对话框，在"页"面板中显示创建的新项目，如图 3-11 所示。

图 3-10 "项目属性：新项目"对话框

图 3-11 新建项目文件

3. 关闭项目

选择菜单栏中的"项目"→"关闭"命令，关闭项目文件。

提示：

EPLAN 没有专门的保存命令，因为它是实时保存的，任何操作（新建、删除、修改等）完成后，系统都会自动保存。

4. 项目快捷命令

在"页"面板上选中项目文件，单击鼠标右键，弹出快捷菜单，选择"项目"命令，如图 3-12 所示，在子菜单中显示新建、打开、关闭命令，可以新建项目、打开项目、关闭项目。

3.1.3 项目的复制与删除

1. 复制项目

在页导航器中选择想要复制的项目，选择菜单栏中的"项目"→"复制"命令，弹出如图 3-13 所示的"复制项目"对话框。

1) 复制项目的方法包括 4 种。

● 全部，包含报表：复制的副本项目文件中，包括报表文件。

● 全部，不含报表：复制的副本项目文件中，不包括报表文件。

● 仅头文件：复制的副本项目文件中，无报表文件。

● 非自动生成页：复制的副本项目文件中，不自动生成页原理图。

2) 源项目：显示要复制的项目文件。

3) 目标项目：输入复制的项目文件名称及路径。

图 3-12 快捷菜单

图 3-13 "复制项目"对话框

4）设置创建日期：勾选该复选框，复制的副本项目文件中添加项目创建日期信息。

5）设置创建者：勾选该复选框，复制的副本项目文件中添加项目创建者信息。

复制后的项目文件如图 3-14 所示。

EPLAN 完成复制项目文件后，将项目文件*.elk 和所属的项目目录*.edb 复制到目标目录，并将位于项目管理之外的目标目录自动读入项目管理中。EPLAN 也可以选择复制多个项目文件，"复制项目"对话框将先后多次打开。

2. 删除项目

选择菜单栏中的"项目"→"删除"命令，删除选中的项目文件。当执行项目删除命令后，会出现"删除项目"对话框，如图 3-15 所示，确认是否删除。删除操作是不可恢复的，需谨慎操作。

图 3-14 复制项目文件

图 3-15 "删除项目"对话框

3.1.4 项目文件重命名

在"页"面板中选择要重命名的项目文件，选择菜单栏中的"项目"→"重命名"命令，弹出"重命名项目"对话框，如图 3-16 所示，输入新项目文件的名称。

3.1.5 设置项目结构

在 EPLAN 中进行项目规划时，首先应该考虑项目采用的项目结构，因为新建项目时所设定的结构在设计的过程中是不可以修改的。此外，项目结构对图纸的数量、表达方式都是有影响的，一个设计合理的项目，它的项目结构首先要设置恰当。

在 EPLAN 中，项目结构由页结构和设备结构构成。设备结构由其他单个结构构成，例如"常规设备""端子排""电缆""黑盒"等。这些结构中的任何一种都可以单独构成设备。

1. 项目结构

在图 3-17 中显示新建的项目文件，该项目文件下不包含任何文件。

图 3-16 "重命名项目"对话框　　　　　　　　图 3-17 项目文件

关于"项目结构"，新的电气设计标准专门对项目结构进行了详细解释，在新标准中，用"功能面"和"位置面"扩展了旧的标准中的"高层代号"和"位置代号"这两个术语。为使系统的设计、制造、维修或运营高效率地进行，往往将系统及其信息分解成若干部分，每一部分又可进一步细分。这种连续分解成的部分和这些部分的组合就称为"结构"，在 EPLAN 中，就是指"项目结构（Project Structure）"。

电气设计标准中介绍一个系统主要从三个方面进行，如图 3-18 显示项目的分层结构：

- 功能面结构（显示系统的用途，对应 EPLAN 中高层代号，高层代号一般用于进行功能上的区分）。
- 位置面结构（显示该系统位于何处，对应 EPLAN 中的位置代号，位置代号一般用于确定元件的安装位置）。

图 3-18 项目结构演示

- 产品面结构（显示系统的构成类别，对应 EPLAN 中的设备标识，设备标识表明该元件属于哪一个类别，是保护器件还是信号器件或执行器件）。

2．结构标识符

EPLAN 除了给定的项目设备标识配置外，还可以创建用户自定义配置并用它来确定自身的项目结构。用户可以借助设备标识配置创建页结构和设备结构，在该配置中确定使用不同的带有相应结构标识的设备标识块，EPLAN 还提供预定义的设备标识配置。此外，还可以为自己的项目结构创建用户自定义的设备标识配置。

选择菜单栏中的"项目数据"→"结构标识符管理"命令，弹出"结构标识符管理"对话框，如图 3-19 所示，该对话框中显示高层代号、位置代号、高层代号数三个选项组。

图 3-19 "结构标识符管理"对话框

在对话框中为设备标识符的高层代号、位置代号和文档类型自定义选择一个前缀，或者在可以自由选择的位置上输入选择的一个前缀。

- 高层代号段，其前缀符号为"="；
- 位置代号段，其前缀符号为"+"；
- 文档代号段，其前缀符号为"&"。

单击"查找"按钮🔍，弹出"查找项目结构"对话框，通过输入的标识符名称查找项目结构，如图 3-20 所示。

图 3-20 "查找项目结构"对话框

3．标识符命名

种类代号指用以识别项目种类的代号，前缀符号为"-"，有如下三种表示方法。

1）由字母代码和数字组成，如-K2（种类代号段的前缀符号+项目种类的字母代码+同一项目种类的序号），如-K2M（前缀符号+种类的字母代码+同一项目种类的序号+项目的功能字母代码）。

2）用顺序数字（1、2、3、…）表示图中的各个项目，同时将这些顺序数字和它所代表的项目排列于图中或另外的说明中，如-1、-2、-3…

3）对不同种类的项目采用不同组别的数字编号。如对电流继电器用 11、12。

如果创建一个新的设备标识配置时已经为相应的设备标识块指定了"标识性的"或"描述性的"属性，则可以选择设备标识块的前缀和分隔符，或输入用户自定义的前缀和分隔符。在用户自定义的项目结构中也可以确定设备标识块的可选的和/或用户自定义的前缀和分隔符。

3.2　图纸管理

EPLAN 的项目用来管理相关文件及属性。在新建项目下创建相关的图纸文件，如根据创建的文件类型的不同，生成的图纸文件也不尽相同。

原理图页一般采用的是高层代号+位置代号+页名，添加页结构描述，分别对高层代号、位置代号、高层代号数进行设置。

3.2.1　图页的创建

1）在"页"导航器中选中项目名称，选择菜单栏中的"页"→"新建"命令，或在"页"导航器中选中项目名称上单击右键，弹出如图 3-21 所示的创建图页快捷菜单，选择"新建"按钮，弹出如图 3-22 所示的"新建页"对话框。

图 3-21　创建图页快捷菜单

图 3-22　"新建页"对话框

在该对话框中设置原理图页的名称、类型与属性等参数。单击扩展按钮，弹出"完整页名"对话框，在已存在的结构标识中选择，可手动输入标识，也可创建新的标识。

2）在"完整页名"文本框内输入电路图页名称，默认名称为"/1"。设置原理图页的命名，页结构命名一般采用的是"高层代号+位置代号+页名"，该对话框中设置"高层代号""位置代号"与"页名"，输入"高层代号"为 T01 与"位置代号"为 A1，"页名"为 1，如图 3-23 所示。

图 3-23 "完整页名"对话框

3）单击"确定"按钮，返回"新建页"对话框，显示创建的图纸页完整页名为"=T01+A1/1"。

- 从"页类型"下拉列表中选择需要页的类型。在"页类型"下拉列表中选择"多线原理图（交互式)"。
- 在"页描述"文本框输入图纸描述"电气工程中的电路图"。
- 在"属性名-数值"列表中默认显示图纸的表格名称、图框名称、图纸比例与栅格大小。
- 在"属性"列表中单击"新建"按钮＋，弹出"属性选择"对话框，选择"创建者"属性，如图 3-24 所示。
- 返回"新建页"对话框，单击"应用"按钮，可重复创建相同参数设置的多张图纸。每单击一次，创建一张新原理图页，在创建者框中会自动输入用户标识。
- 单击"确定"按钮，完成图页添加，在"页"导航器中显示添加原理图页结果，如图 3-25 所示。

图 3-24 "属性选择"对话框

图 3-25 新建图页文件

3.2.2 图页的打开

选中"页"导航器上选择要打开的原理图页，选择菜单栏中的"页"→"打开"命令或在"页"导航器中选中的原理图页上单击右键，弹出快捷菜单，选择"打开"命令，打开选择的文件，如图 3-26 所示。

图 3-26　打开原理图页文件

3.2.3 图页的删除

删除原理图页文件比较简单，EPLAN 和 Windows 一样，选中后按【Delete】键即可，或在"页"导航器中选中的原理图页上单击右键，选择快捷命令"删除"，另外，删除操作是不可恢复的，需谨慎操作。

3.2.4 图页的选择

图页的选择包括下面三种：

1）在"页"导航器中可利用鼠标直接双击原理图页的名称。

2）选择在菜单栏的"页"→"前一页""后一页"命令，即可选择当前选择页的上一页或下一页。

3）图页选择的快捷键如下。

● 【Page Up】：显示前一页。

● 【Page Down】：显示后一页。

3.2.5 图页的重命名

图页结构命名一般采用的是"高层代号+位置代号+页名"，相对应地，对图页的重命名，需要分别对高层代号、位置代号和页名进行重命名。

1．高层代号重命名

在"页"导航器中选择要重命名的高层代号文件，选择菜单栏中的"页"→"重命名"命令或在"页"导航器中选中的原理图页上单击右键，弹出快捷菜单，选择"重命名"命令，高层代号文件进入编辑状态，激活编辑文本框，如图 3-27 所示，输入新原理图高层代号文件的名称"Z01（钻床电气设计）"，输入完成后，在编辑框外单击，退出编辑状态，完成重命名操作。

2．位置代号重命名

在"页"导航器中选择要重命名的图页文件的位置代号，选择菜单栏中的"页"→"重命名"命令或在"页"导航器中选中的原理图页上单击右键，弹出快捷菜单，选择"重命名"命令，图页文件的位置代号进入编辑状态，激活编辑文本框，如图 3-28 所示，输入新图页名称"Z35（摇臂）"，输入完成后，在编辑框外单击，退出编辑状态，完成重命名操作。

图 3-27 "页"导航器   图 3-28 图页重命名

不论原理图页是否打开，重命名操作都会立即生效。

3．页名重命名

在"页"导航器中选择要重命名的图页文件的页名，选择菜单栏中的"页"→"重命名"命令或在"页"导航器中选中的原理图页上单击右键，弹出快捷菜单，选择"重命名"命令，图页文件的页名进入编辑状态，激活编辑文本框，输入新图页名称，输入完成后，在编辑框外单击，退出编辑状态，完成重命名操作。

3.2.6 图页的移动、复制

EPLAN Electric P8 使用项目文件夹把一个设计中的所有原理图页组织在一起，一个项目文件可能包含多个原理图页文件夹。可以把多页原理图从一个文件夹转移到另一个文件夹，也可以把同一个原理图页复制到多个原理图页文件夹中。如果一个项目（.elk 文件）中有多个原理图页，且在其他项目中也要用到，用户可以把这些原理图页从一个项目中转移到另一个项目中，或复制到另一个项目中，这样可以充分利用现有资源，避免重复设计。下面介绍操作方法。

1. 原理图页的转移

1）在"页"导航器中选定要移动的项目文件夹"NEW"下的原理图页"1"，可以按住【Ctrl+Shift】键选择多个图页。

2）如果是移动到项目文件夹，选择菜单栏中的"编辑"→"剪切"命令，如果是复制到项目文件夹，则选择菜单栏中的"编辑"→"复制"命令。

3）选定目标项目文件夹"NEW"，选择菜单栏中的"编辑"→"粘贴"命令，弹出"调整结构"对话框。在该对话框中显示选择要复制的源原理图页与目标原理图页，可以修改要复制的源原理图页与目标原理图页的名称，调整源原理图页的粘贴位置与名称。

勾选"页名自动"复选框，再自动激活"覆盖"复选框，激活"覆盖"复选框后，存在与将覆盖的页同名的原理图页，调整页名，目标原理图页的页名自动更改为 2，页名的数字编号自动递增，如图 3-29 所示。

图 3-29　页名自动递增

单击"确定"按钮，在选中的原理图页 1 下粘贴相同的原理图页 2，结果如图 3-30 所示。

2. 原理图页在位置结构间的转移

1）在"页"导航器中选定要移动的项目文件夹"NEW"下的高层结构"Z35（摇臂）"，也可以按住【Ctrl+Shift】键选择多个图页。

2）如果是移动到项目文件夹，选择菜单栏中的"编辑"→"剪切"命令，如果是复制到项目文件夹，则选择菜单栏中的"编辑"→"复制"命令。

3）选定目标项目文件夹"NEW"，选择菜单栏中的"编辑"→"粘贴"命令，弹出"调整结构"对话框。在该对话框中将位置结构的源原理图页"Z35（摇臂）"修改为目标原理图页"Z50（摇臂）"，完成移动或复制，结果如图 3-31 所示。

3. 高层结构原理图页在不同项目之间的转移

1）在"页"导航器中选定要移动的项目文件夹下高层结构原理图页 Z01（钻床电气设计）文件，左键选择要移动的原理图页。

2）选择菜单栏中的"编辑"→"剪切"命令或"复制"命令，剪切或复制该高层结构下所有的原理图页。

图 3-30 复制同层原理图页

图 3-31 复制 Z50（摇臂）

3）打开目标项目，单击左键选择原理图页文件夹，要移动的图页放在这里。

4）选择菜单栏中的"编辑"→"粘贴"命令，弹出"调整结构"对话框。在该对话框中将位置结构的源原理图页"Z01（钻床电气设计）"修改为目标原理图页"C01（车床电气设计）"，完成移动或复制，结果如图 3-32 所示。

4．图页的复制

下面讲解如何利用菜单命令移动、复制不同结构层次的原理图文件图页。

1）在"页"导航器中，打开项目文件，选中原理图页，单击右键，选择"重命名"命令，修改图页名称为"主回路"，结果如图 3-33 所示。

图 3-32 复制创建 C01（车床电气设计）

图 3-33 打开项目文件

2）选择菜单栏中的"页"→"复制从/到..."命令，弹出"复制页"对话框，如图 3-34 所示，在"选定的项目"下显示要复制的项目文件，在该选项组下可选择任意原理图页，单

击扩展按钮 .. ，弹出如图 3-35 所示的对话框，在该对话框中显示当前属性管理器中打开的项目文件，从中选择需要操作的项目文件。

图 3-34 "复制页"对话框

图 3-35 "项目选择"对话框

除此之外，还可以对未打开的项目文件进行复制操作。单击 □ 按钮，弹出"打开项目"对话框，在该对话框中选择任意项目文件，选择选定要复制的项目文件，完成项目选择后，返回"复制页"对话框，单击 → 按钮，将选中的"主回路"原理图页复制到右侧"当前项目"中，如图 3-36 所示。若有需要，还可以选择其余原理图文件进行复制。在图 3-37 所示的"页"导航器中显示最终的复制结果。

图 3-36 复制"主回路"

图 3-37 复制结果

3.3 操作实例——自动化流水线电路

随着工业的发展，不同控制种类的流水线自动控制分拣装置大量出现，大大提高了企业的生产效率和产品质量，同时减轻了企业一线工人的劳动量。本实例设计的电气项目是一个办公用品的自动化流水线控制系统，所涉及的单元包括热床站电机电路、冲床站电机电路等。

3.3 操作实例——自动化流水线电路

1. 创建项目

选择菜单栏中的"项目"→"新建"命令，弹出如图 3-38 所示的对话框，在"项目名称"文本框下输入创建新的项目名称"Auto Production Line"，在"保存位置"文本框下选择项目文件的路径。

图 3-38 "创建项目"对话框

在"基本项目"文本框右侧单击 按钮，弹出"选择基本项目"对话框，如图 3-39 所示，选择模板文件"IEC_bas001.zw9"。

图 3-39 "选择基本项目"对话框

单击"确定"按钮，显示项目创建进度对话框，进度条完成后，弹出"项目属性"对话框，显示当前项目的图纸的参数属性，如图 3-40 所示。

图 3-40 "项目属性"对话框

打开"属性"选项卡,显示"属性名-数值"列表中的参数,单击"新建"按钮 +,弹出"属性选择"对话框,选择"审核人"属性,如图 3-41 所示,单击"确定"按钮,在添加的属性"审核人"栏的"数值"列输入"三维书屋",完成设置。

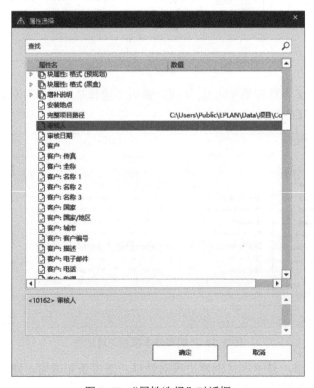

图 3-41 "属性选择"对话框

如图 3-41 所示，单击"确定"按钮，关闭对话框，在"页"导航器中显示创建的新项目"Auto Production Line.elk"，该项目下根据模板创建标题页"1 首页"，并将其删除，如图 3-42 所示。

2. 图页的创建

1）在"页"导航器中选中项目名称"Auto Production Line"，选择菜单栏中的"页"→"新建"命令，弹出如图 3-43 所示的"新建页"对话框。

图 3-42 空白新项目　　　　　　　　图 3-43 "新建页"对话框

在该对话框中"完整页名"文本框内输入电路图页名称，默认名称为"/1"。单击扩展按钮，弹出"完整页名"对话框，设置原理图页的命名，页结构命名一般采用"高层代号+位置代号+页名"，在该对话框中设置"高层代号""位置代号"与"页名"，输入"高层代号"为 Z01（主电路）与"位置代号"为 A1，"页名"为 1，如图 3-44 所示。

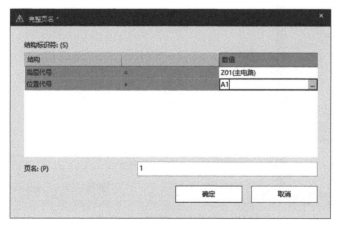

图 3-44 "完整页名"对话框

2）单击"确定"按钮，返回"新建页"对话框，显示创建的图纸页完整页名为"= Z01（主电路）+A1/1"。在"页类型"下拉列表中选择"单线原理图（交互式）"，"页描述"文本框输入图纸描述"主电路绘制"，如图 3-45 所示。单击"确定"按钮，在"页"导航器中创建原理图页 1，如图 3-46 所示。

图 3-45　设置参数

图 3-46　新建图页文件

3. 复制原理图页文件

选择项目文件中的"= Z01（主电路）+A1/1"，选择菜单栏中的"编辑"→"复制"命令，选择菜单栏中的"编辑"→"粘贴"命令，弹出"调整结构"对话框。在该对话框中显示选择要复制的源原理图页与目标原理图页，勾选"页名自动"复选框，自动激活"覆盖"

复选框，目标原理图页的页名自动更改为 2，如图 3-47 所示。

图 3-47 "调整结构"对话框

单击"确定"按钮，在选中的原理图页 1 下粘贴相同的原理图页 2，结果如图 3-48 所示。

4．复制原理图页文件

选择项目文件中的"= Z01（主电路）"，选择菜单栏中的"编辑"→"复制"命令，选择菜单栏中的"编辑"→"粘贴"，弹出"调整结构"对话框。在该对话框中显示选择要复制的源原理图页与目标原理图页，取消勾选"页名自动"复选框，调整目标原理图页的页名。

单击"确定"按钮，在选中的原理图"Z01（主电路）"下的所有原理图页粘贴到原理图 R01（热床站电机电路）下，结果如图 3-49 所示。

图 3-48 复制同层原理图页

图 3-49 复制原理图页

5. 图页重命名

在"页"导航器中选中原理图页位置代号 A1，单击鼠标右键弹出选择"属性"命令，弹出如图 3-50 所示的"页属性"对话框，在该对话框中编辑原理图页的名称、类型与属性等参数。

图 3-50 "页属性"对话框

在"完整页名"文本框右侧单击扩展按钮 — ，弹出"完整页名"对话框，在该对话框中设置"位置代号"，如图 3-51 所示。单击"确定"按钮，退出对话框。修改"页描述"文本框，输入"热床站电机电路绘制"，单击"确定"按钮，退出对话框。

图 3-51 "完整页名"对话框

6. 复制原理图

选择菜单栏中的"页"→"复制从/到..."命令，弹出"复制页"对话框，如图 3-52 所示，在"选定的项目"下显示要复制的项目文件"A1（热床 1 站）"。

单击 → 按钮，将选中的"A1（热床 1 站）"原理图复制到右侧"当前项目"R01 下，弹出"调整结构"对话框，修改目标原理图的结构与名称，完成复制的对话框显示结果如图 3-53 所示。

图 3-52 "复制页"对话框

图 3-53 复制"A1（热床 1 站）"

单击 → 按钮，将选中的"Z01（主电路）"原理图复制到右侧"当前项目"下，弹出"调整结构"对话框，修改目标原理图的结构与名称，完成复制的对话框修改后，单击"关闭"按钮，关闭对话框。

"页"导航器中选择"=C01（主电路）+A1（冲床站电机）/1"，单击鼠标右键选择"属性"命令，弹出属性对话框，设置原理图页的页描述，如图 3-54 所示，使用同样的方法设置"=C01（主电路）+A1（冲床站电机）/2"，在图 3-55 中显示修改的结果。

图 3-54 "页属性"对话框

图 3-55 复制结果

第4章　元件与设备

素养目标

➤ 培养职业责任心，树立正确的价值观念

➤ 充分发挥主观能动性，提高独立思考、推陈出新的能力

技能目标

➤ 学会元件符号的各种操作方法

➤ 掌握属性和设备的设置与操作

项目导读

在绘制电路原理图的过程中，首先要在图纸上放置需要的元件与设备。EPLAN Electric P8 2022 作为一个专业的电子电路计算机辅助设计软件，一般常用的电子元件符号与设备均可以在它们各自的库中找到，用户只需在 EPLAN Electric P8 2022 库中查找所需的元件符号与设备，并将其放置在图纸适当的位置即可。

4.1　元件符号

符号（电气符号）是电气设备（Electrical Equipment）的一种图形表达方式，符号存放在符号库中，是广大电气工程师之间的交流语言，用来传递系统控制的设计思维。将设计思维体现出来的，就是电气工程图纸。为了工程师之间能彼此看懂对方的图纸，专业的标准委员会或协会制定了统一的电气标准。目前常见的电气设计标准有 IEC 61346（IEC-International Electrotechnical Commission，国际电工委员会)、EN（欧洲标准，也称之为欧标）、GOST（俄罗斯国家标准）、GB/T 4728（中国国标）等。

4.1.1　元件符号的定义

元件符号是用电气图形符号、带注释的围框或简化外形表示电气系统或设备中组成部分之间相互关系及其连接关系的一种图标符号。广义地说，表明两个或两个以上变量之间关系的曲线，用以说明系统、成套装置或设备中各组成部分的相互关系或连接关系，或者用以提供工作参数的表格、文字等，也属于电气图。

符号根据功能显示下面的分类：

● 不表示任何功能的符号，如连接符号，包括角节点、T节点。

● 表示一种功能的符号，如常开触点、常闭触点。

● 表示多种功能的符号，如电机保护开关、熔断器、整流器。

● 表示一个功能的一部分，图设备的某个连接点、转换触点。

元件符号命名建议采用"标识字母+页+行+列"，在使用 EPLAN Electric P8 2022 提供的国标图框时更能体现出这种命名的优势，EPLAN Electric P8 2022 的 IEC 图框没有列。虽然 EPLAN P8 也提供其他形式的元器件命名方式，诸如"标识字母+页+数字"或者"标识字母+

页+列"，但元件在图纸中是唯一确定的。假如一列有多个断路器（也可能是别的器件），如果删除或添加一个断路器，剩下的断路器名称则需要重新命名。如果采用"标志字母+页+行+列"这命名方式，元件在图纸中也是唯一确定的。

4.1.2　符号变量

一个符号通常具有 A～H 8 个变量和 1 个触点镜像变量。所有符号变量共用相同的属性，即相同的标识、相同的功能和相同的连接点编号，只有连接点图形不同。

图 4-1 中的开关变量包括 1、2 的连接点，图 4-1a 中为开关变量 A，图 4-1b 中为开关变量 B，图 4-1c 中为开关变量 C，图 4-1d 中为开关变量 D，图 4-1e 中为开关变量 E，图 4-1f 中为开关变量 F，图 4-1g 中为开关变量 G，图 4-1h 中为开关变量 H。以 A 变量为基准，逆时针旋转 90°，形成 B 变量；再以 B 变量为基准，逆时针旋转 90°，形成 C 变量；再以 C 变量为基准，逆时针旋转 90°，形成 D 变量；而 D、E、F、H 变量分别是 A、B、C、D 变量的镜像显示结果。

图 4-1　开关的符号变量

4.1.3　元件符号库

EPLAN Electric P8 2022 中内置四大标准的符号库，分别是 IEC、GB、NFPA 和 GOST 标准的元件符号库，元件符号库又分为原理图符号和单线图符号库。

- IEC_Symbol：符合 IEC 标准的原理图符号库。
- IEC_single_Symbol：符合 IEC 标准的单线图符号库。
- GB_Symbol：符合 GB 标准的原理图符号库。
- GB_single_Symbol：符合 GB 标准的单线图符号库。
- NFPA_Symbol：符合 NFPA 标准的原理图符号库。
- NFPA_single_Symbol：符合 NFPA 标准的单线图符号库。
- GOST_Symbol：符合 GOST 标准的原理图符号库。
- GOST_single_Symbol：符合 GOST 标准的单线图符号库。

在 EPLAN Electric P8 2022 中，不仅安装了 IEC、GB 多种标准的符号库，而且增加设计中常用的符号库。

4.1.4　"符号选择"导航器

1）选择菜单栏中的"项目数据"→"符号"命令，在工作窗口左侧就会出现"符号选择"标签，并自动弹出"符号选择"导航器。在"筛选器"下拉列表中选择标准的符号库，如图 4-2 所示。

2）单击"筛选器"右侧的 ■ 按钮，系统将弹出如图 4-3 所示的"筛选器"对话框，可以看到此时系统已经装入的标准的符号库，包括 IEC、GB 多种标准的符号库。

图 4-2 选择标准的符号库　　　　　　图 4-3 "筛选器"对话框

在"筛选器"对话框中，⊞按钮用来新建标准符号库，▣用来保存标准符号库，▤用来复制新建的标准符号库，▥用来删除标准符号库，▤和▤按钮用来导入、导出元件库。

3）单击"新建"⊞按钮，弹出"新配置"对话框，显示符号库中已有的符号库信息，在"名称"和"描述"栏输入新符号库的名称与库信息的描述，如图 4-4 所示。单击"确定"按钮，返回"筛选器"对话框，显示新建的"IEC 符号"符号库，在下面的属性列表中，单击"数值"列，弹出"值选择"对话框，勾选所有默认标准库，如图 4-5 所示。单击"确定"按钮，返回"筛选器"对话框，完成新建的"IEC 符号"符号库选择。

图 4-4 "新配置"对话框　　　　　　图 4-5 "值选择"对话框

4）单击"导入"按钮弹出如图 4-6 所示的"选择导入文件"对话框，导入"*.xml"文件，加载绘图所需的符号库。

图 4-6 "选择导入文件"对话框

重复上述操作就可以把所需要的各种符号库文件添加到系统中，作为当前可用的符号库文件。加载完毕后，单击"确定"按钮，关闭"筛选器"对话框。这时所有加载的符号库都显示在"选择符号"导航器中，用户可以选择使用。

选择"多线 国标 符号"，显示打开项目文件下的"GB_symbol"（符合 GB 标准的原理图符号库），在该标准库下显示电气工程符号与特殊符号，如图 4-7 所示。

4.1.5 加载符号库

装入所需元件符号库的操作步骤如下：

选择菜单栏中的"项目数据"→"符号"命令，在工作窗口左侧就会出现"符号选择"标签，并自动弹出"符号选择"导航器，如图 4-8 所示。

图 4-7 符号选择

图 4-8 符号库

1）在项目文件或项目文件下的符号库上单击右键，弹出快捷菜单如图 4-8 所示，选择"设置"命令，系统将弹出如图 4-9 所示的"设置符号库"对话框。

可以看到此时系统已经装入的元件符号库，包括"SPECIAL""GB_symbol"（符合 GB 标准的原理图符号库）、"GB_signal_symbol"（符合 GB 标准的单线符号库）、"GRAPHICS"和"OS_SYM_ESS"。"SPECIAL"和"GRAPHICS"是 EPLAN 的专用符号库，其中，"SPECIAL"不可编辑，"GRAPHICS"可编辑。

在"设置符号库"对话框中，最左侧列中显示元件符号库排列顺序。

2）加载绘图所需的元件符号库。在"设置符号库"对话框中列出的是系统中可用的符号库文件。单击空白行后的 -- 按钮，如图 4-10 所示，系统将弹出如图 4-11 所示的"选择符号库"对话框。在该对话框中选择特定的库文件夹，然后选择相应的库文件，单击"打开"按钮，所选中的符号库文件就会出现在"设置符号库"对话框中。

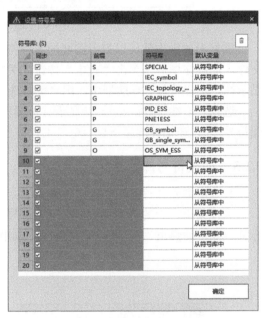

图 4-9　"设置符号库"对话框 1　　　　图 4-10　"设置符号库"对话框 2

图 4-11　"选择符号库"对话框

重复上述操作就可以把所需要的各种符号库文件添加到系统中,作为当前可用的符号库文件。加载完毕后,单击"确定"按钮,关闭"设置符号库"对话框。这时所有加载的元件库都分类显示在"符号选择"导航器中,用户可以选择使用。

4.2　放置元件符号

原理图有两个基本要素,即元件符号和线路连接。绘制原理图的主要操作就是将元件符号放置在原理图图纸上,然后用线将元件符号中的引脚连接起来,建立正确的电气连接。在放置元件符号前,首先需要知道元件符号在哪一个符号库中,并载入该符号库。

4.2.1　搜索元件符号

EPLAN Electric P8 提供了强大的元件搜索能力,能够帮助用户轻松地在元件符号库中定位元件符号。

选择菜单栏中的"插入"→"符号"命令,系统将弹出如图 4-12 所示的"符号选择"对话框,打开"列表"选项卡,在该选项卡中用户可以搜索需要的元件符号。搜索元件需要设置的参数如下。

图 4-12　"符号选择"对话框

1)"筛选器"下拉列表框:用于选择查找的符号库,系统会在已经加载的符号库中查找。

2)"直接输入"文本框:用于设置查找符号,进行高级查询,如图 4-13 所示。在该选项文本框中,可以输入一些与查询内容有关的过滤语句表达式,有助于使系统进行更快捷、更准确的查找。在文本框中输入"E",光标立即跳转到第一个以这个关键词字符开始的符号名称的位置,在文本框下的列表中显示符合关键词的元件符号,在右侧将显示 8 个变量的缩略图。

图 4-13　查找到元件符号

可以看到，符合搜索条件的元件名及描述在该面板上被一一列出，供用户浏览参考。

4.2.2　元件符号的选择

在符号库中找到元件符号后，加载该符号库，以后就可以在原理图上放置该元件符号了。在工作区中可以将符号一次或多次放置在原理图上，但不能一次选择多个符号放置在原理图上。

EPLAN Electric P8 中有两种元件符号放置方法，分别是通过"符号选择"导航器放置和"符号选择"对话框。在放置元件符号之前，应该首先选择所需元件符号，并且确认所需元件符号所在的符号库文件已经被装载。若没有装载符号库文件，请先按照前面介绍的方法进行装载，否则系统无法找到所需要的元件符号。

1. 放置"符号选择"导航器

选择菜单栏中的"项目数据"→"符号"命令，在工作窗口左侧就会出现"符号选择"标签，并自动弹出"符号选择"导航器。

在导航器树形结构选中元件符号后，直接拖动到原理图中适当位置或在该元件符号上单击右键，选择"插入"命令，如图 4-14 所示。

自动激活元件放置命令，这时光标变成十字形状并附加一个交叉记号，如图 4-15 所示，将光标移动到原理图适当位置，在空白处单击完成元件符号插入，此时鼠标仍处于放置元件符号的状态，重复上面操作可以继续放置其他的元件符号。

2. 放置"符号选择"对话框

选择菜单栏中的"插入"→"符号"命令，弹出"符号选择"对话框，如图 4-16 所示。在筛选器下列表中显示的树形结构中选择元件符号。各符号根据不同的功能定义划分到不同的组中。切换树形结构，浏览不同的组，直到找到所需的符号。

图 4-14　选择元件符号

图 4-15　元件放置

图 4-16　"符号选择"对话框

在树形结构中选中元件符号后,在列表下方的描述框中显示该符号的符号描述,如图 4-17 所示。在对话框的右侧显示该符号的缩略图,包括 A~H 共 8 个不同的符号变量,选中不同的变量符号时，在"变量"文本框中显示对应符号的变量名。

图 4-17　"符号选择"对话框

选中元件符号后，单击"确定"按钮，这时光标变成十字形状并附加一个交叉记号，如图 4-18 所示，将光标移动到原理图适当位置，在空白处单击完成元件符号放置，此时鼠标仍处于放置元件符号的状态，重复上面操作可以继续放置其他的元件符号。

图 4-18　放置元件符号

4.2.3　符号位置的调整

每个元件被放置时，其初始位置并不是很准确。在进行连线前，需要根据原理图的整体布局对元件的位置进行调整。这样不仅便于布线，也使所绘制的电路原理图清晰、美观。元件的布局好坏直接影响到绘图的效率。元件位置的调整实际上就是利用各种命令将元件移动到图纸上指定的位置，并将元件旋转为指定的方向。

1. 元件的选取

要实现元件位置的调整，首先要选取元件。选取的方法很多，下面介绍几种常用的方法。

（1）用鼠标直接选取单个或多个元件

对于单个元件的情况，将光标移到要选取的元件上，元件自动变色，单击选中即可。选中的元件高亮显示，表明该元件已经被选取，如图 4-19 所示。

对于多个元件的情况，将光标移到要选取的元件上单击即可，按住【Ctrl】键选择下一个元件，选中的多个元件高亮显示，表明该元件已经被选取，如图 4-20 所示。

图 4-19 选取单个元件

图 4-20 选取多个元件

（2）利用矩形框选取

对于单个或多个元件的情况，按住鼠标并拖动光标，拖出一个矩形框，将要选取的元件包含在该矩形框中，如图 4-21 所示，释放光标后即可选取单个或多个元件。选中的元件高亮显示，表明该元件已经被选取，如图 4-22 所示。

图 4-21 拖出矩形框　　　　　　　　　　　　图 4-22 选中元件

在图 4-21 中，只要元件的全部或一部分在矩形框内，则显示选中对象，与矩形框从上到下框选无关，与从左到右框选有关，根据框选起始方向不同，共分为 4 个方向。

● 从左下到右上框选：框选元件的部分超过一半才显示选中。
● 从左上到右下框选：框选元件的部分超过一半才显示选中。
● 从右下到左上框选：框选元件的任意部分即显示选中。
● 从右上到左下框选：框选元件的任意部分即显示选中。

（3）用菜单栏选取元件

选择菜单栏中的"编辑"→"选定"命令，弹出如图 4-23 所示的子菜单。

图 4-23 "选定"子菜单

● 区域：在工作窗口选中一个区域，用来选中区域中的对象。具体操作方法为：执行该命令，光标将变成十字形状出现在工作窗口中，在工作窗口单击鼠标左键，确定区域的一个顶点，移动鼠标光标到确定区域的对角顶点后可以确定一个区域，选中该区域中的对象。

- 全部：选择当前图形窗口中的所有对象。
- 页：选定当前页，当前页窗口以灰色粗线框选。
- 相同类型的对象：选择当前图形窗口中相同类型的对象。

2．取消选取

取消选取也有多种方法，这里介绍几种常用的方法。

1）直接用鼠标单击电路原理图的空白区域，即可取消选取。

2）按住【Ctrl】键，单击某一已被选取的元件，可以将其取消选取。

3．元件的移动

在移动的时候不单是移动元件主体，还包括元件标识符或元件连接点；同样地，如果需要调整元件标识符的位置，则先选择元件或元件标识符就可以改变其位置，如图 4-24 中所示为元件与元件标识符均改变的操作过程。

图 4-24　移动元件

将左右并排的两个元件，调整为上下排列，可节省图纸空间。

1）在实际原理图的绘制过程中，最常用的方法是直接使用光标拖拽来实现元件的移动。

① 使用鼠标移动未选中的单个元件。将光标指向需要移动的元件（不需要选中），元件变色即可，按住鼠标左键不放，拖动鼠标，元件会随之一起移动。到达合适的位置后，释放鼠标左键，元件即被移动到当前光标的位置。

② 使用鼠标移动已选中的单个元件。如果需要移动的元件已经处于选中状态，则将光标指向该元件，同时按住鼠标左键不放，拖动元件到指定位置后，释放鼠标左键，元件即被移动到当前光标的位置。

③ 使用鼠标移动多个元件。需要同时移动多个元件时，首先应将要移动的元件全部选中，在选中元件上显示浮动的移动图标✛，然后在其中任意一个元件上按住鼠标左键并拖动，到达合适的位置后，释放鼠标左键，则所有选中的元件都移动到了当前光标所在的位置。

2）用菜单栏选取元件。

选择菜单栏中的"编辑"→"移动"命令，在光标上显示浮动的移动图标▣，然后在其中任意一个元件上按住鼠标左键并拖动，到达合适的位置后，释放鼠标左键，则选中的元件都移动到了当前光标所在的位置。

提示：

为方便复制元件和链接元件，EPLAN 中提供显示十字光标和显示栅格的功能，可通过"栅格"按钮▦和"开/关捕捉到栅格"按钮▩，进行激活显示。在"设置"对话框中可随时对工作栅格及显示栅格进行单独设置。

3）元件在移动过程中，可向任意方向移动，如果要元件在同一水平线或同一垂直线上移动，则移动过程中需要确定方向，而且可以通过按【X】键或【Y】键来切换选择元件的移动模式。元件在同一水平线上移动，按【X】键，移动的元件符号在水平方向上直线移动，光标上浮动的元件符号上自动添加菱形虚线框；按【Y】键，在垂直方向上直线移动，如图 4-25 所示。

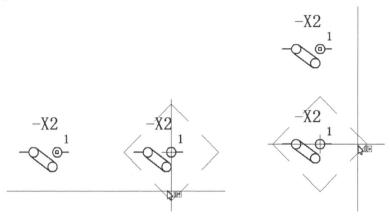

图 4-25　确定移动方向

4．元件的旋转

选取要旋转的元件，选中的元件被高亮显示，此时，元件的旋转主要有 3 种旋转操作方式，下面根据不同的操作方法分别进行介绍。

（1）放置旋转

在"符号选择"导航器中选择元件符号或设备，向原理图中拖动，在原理图中十字光标上显示如图 4-26 所示的元件符号，在单击放置前按【Tab】键，可 90°旋转元件符号或设备，如图 4-27 所示。

图 4-26　拖动元件符号

按一次【Tab】　　按两次【Tab】　　按三次【Tab】　　按四次【Tab】

图 4-27　旋转元件符号

（2）菜单旋转

选中需要旋转的元件符号，在"编辑"选项卡下选择"图形"面板中的"旋转"按钮，在元件符号上显示操作提示，选择元件旋转的绕点（基准点），在元件符号上单击，确定基准点；任意旋转被选中的元件，以最小旋转 90°，将元件符号旋转成适当角度后，此时原理图中同时显示旋转前与旋转后的元件符号，单击完成旋转操作，如图 4-28 所示。

选择绕点　　　　　　　　选择旋转角度　　　　　　　　完成旋转

图 4-28　旋转元件符号

（3）功能键

选中需要旋转的元件符号，按【Ctrl+R】功能键，即可实现旋转。在元件符号上单击，确定元件旋转的绕点；旋转至合适的位置后单击空白处取消选取元件，即可完成元件的旋转。

选择单个元件与选择多个元件进行旋转的方法相同，这里不再单独介绍。

5．元件的镜像

选取要镜像的元件，选中的元件被高亮显示，下面根据不同的操作方法分别进行介绍。

在"编辑"选项卡下选择"图形"面板中的"镜像"按钮 ，在元件符号上显示操作提示，在元件符号上单击，选择元件镜像轴的起点；水平镜像或垂直镜像被选中的元件，将元件在水平方向上镜像，即左右翻转；将元件在垂直方向上镜像，即上下翻转。

（1）不保留源对象

确定元件符号镜像轴的终点，此时原理图中同时显示镜像前与镜像后的元件符号，单击确定元件符号镜像轴的终点，完成镜像操作，如图 4-29 所示。

确定镜像轴的起点　　　　　　　　　　　　水平镜像

垂直镜像　　　　　　　　　　　　完成镜像

图 4-29　镜像元件符号

（2）保留源对象

单击确定元件符号镜像轴的终点，此时原理图中同时显示镜像前与镜像后的元件符号，按【Ctrl】键，单击确定元件符号镜像轴的终点，系统弹出如图 4-30 所示的"插入模式"对话框，在该对话框中设置镜像后元件的编号格式，完成镜像操作，镜像结果为两个元件，如图 4-31 所示。

图 4-30　设置镜像编号

确定镜像轴的起点　　　水平镜像　　　完成镜像

图 4-31　镜像元件符号

4.3　元件的复制和删除

原理图中的相同元件有时候不止一个，在原理图中放置多个相同元件的方法有两种，即重复利用放置元件命令，放置相同元件，这种方法比较烦琐，适用于放置数量较少的相同元件；若在原理图中有大量相同元件，如基本元件电阻、电容，这就需要用到复制、粘贴命令。

复制、粘贴的操作对象不止包括元件，还包括单个单元及相关电气符号，由于其方法相同，因此这里只简单介绍元件的复制、粘贴操作。

4.3.1　复制元件

复制元件的方法有以下 4 种。

（1）菜单命令

选中要复制的元件，选择菜单栏中的"编辑"→"复制"命令，复制被选中的元件。

（2）快捷命令

选中要复制的元件，单击右键弹出快捷菜单选择"复制"命令，复制被选中的元件。

（3）功能键命令

选中要复制的元件，在键盘中按住【Ctrl+C】功能键，复制被选中的元件。

（4）拖拽的方法

按住【Ctrl】键，拖动要复制的元件，即复制出相同的元件。

4.3.2　剪切元件

剪切元件的方法有以下 3 种。

（1）菜单命令

选中要剪切的元件，选择菜单栏中的"编辑"→"剪切"命令，剪切被选中的元件。

（2）快捷命令

选中要剪切的元件，单击右键弹出快捷菜单选择"剪切"命令，剪切被选中的元件。

（3）功能键命令

选中要剪切的元件，在键盘中按住【Ctrl+X】功能键，剪切被选中的元件。

4.3.3　粘贴元件

粘贴元件的方法有以下 2 种。

（1）菜单命令

选择菜单栏中的"编辑"→"粘贴"命令，粘贴被选中的元件。

（2）功能键命令

在键盘中按住【Ctrl+V】功能键，粘贴复制的元件。

4.3.4　删除元件

删除元件的方法有以下 3 种。

（1）菜单命令

选中被选中的元件，选择菜单栏中的"编辑"→"删除"命令，删除被选中的元件。

（2）快捷命令

选中被选中的元件，单击右键弹出快捷菜单选择"删除"命令，删除被选中的元件。

（3）功能键命令

选中被选中的元件，在键盘中按住【Delete】键，删除被选中的元件。

4.4　符号的多重复制

在原理图中，某些同类型元件可能有很多个，如端子、开关等，它们具有大致相同的属性。如果一个个地放置它们，设置它们的属性，工作量大而且烦琐。EPLAN Electric P8 2022 提供了高级复制功能，大大方便了复制操作，可以通过"编辑"菜单中的"多重复制"命令完成。其具体操作步骤如下：

1）复制或剪切某个对象，使 Windows 的剪切板中有内容。

2）单击菜单栏中的"编辑"→"多重复制"命令，向外拖动元件，确定复制的元件方向与间隔，单击确定第一个复制对象位置后，系统将弹出如图 4-32 所示的"多重复制"对话框。

3）在"多重复制"对话框中，可以对要粘贴的个数进行设置，"数量"文本框中输入的数值标识复制的个数，即复制后元件个数为"4（复制对象）+1（源对象）"。完成个数设置后，单击"确定"按钮，弹出"插入模式"对话框，如图 4-33 所示，其中各选项组的功能如下。

图 4-32　"多重复制"对话框　　　　　图 4-33　"插入模式"对话框

① 确定元件编号模式有"不更改""编号"和"使用字符'？'编号"3 种选择。

● 不更改：表示粘贴元件不改变元件编号，与要复制的元件编号相同。

● 编号：表示粘贴元件按编号递增的方向排列。

● 使用字符'？'编号：表示粘贴元件编号字符'？'。

②"编号格式"选项组：用于设置阵列粘贴中元件标号的编号格式，默认格式为"标识字母+计数器"。

③"为优先前缀编号"复选框：勾选该复选框，用于设置每次递增时，指定粘贴之间元件为优先前缀编号。

④"总是采用这种插入模式"复选框：勾选该复选框，后面复制元件时，采用这次插入模式的设置。

设置完毕后，单击"确定"按钮，阵列粘贴的效果如图 4-34 所示，后面复制对象的位置间隔以第一个复制对象位置为依据。

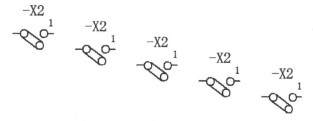

图 4-34　执行阵列粘贴后的元件

4.5　属性设置

在原理图上放置的所有元件符号都具有自身的特定属性，其中，对元件符号进行选型，设置部件后的元件符号，也就是完成了设备的属性设置。在放置好每一个元件符号或设备后，应该对其属性进行正确的编辑和设置，以免使后面的网络表生成产生错误。

通过对元件符号或属性的属性进行设置，一方面可以确定后面生成的网络报表的部分内容，另一方面也可以设置元件符号或设备在图纸上的摆放效果。

双击原理图中的元件符号或设备，在元件符号或设备上单击鼠标右键弹出快捷菜单，选择"属性"命令或将元件符号或设备放置到原理图中后，自动弹出属性对话框，如图 4-35 所示。

图 4-35　元件属性设置对话框

属性对话框包括 4 个选项卡，熔断器（元件设备名称）、显示、符号数据/功能数据、部件。通过在该对话框中进行设置，可赋予元件符号更多的属性信息和逻辑信息。

4.5.1　元件选项卡

在元件选项卡下显示与此元件符号相关的属性，不同的元件符号显示不同的名称，如图 4-35 中对"熔断器"元件符号进行属性设置，该选项卡直接显示"熔断器"名称。

属性设置对话框中包含的各参数含义如下。

- 显示设备标识符：在该文本框下输入元件或设备的标识名和编号，元件设备的命名通过预设的排序，实现设备的在线编号。若设备元件命名的规则采用"标识符+计数器"的命名规则，当插入"熔断器"时，该文本框中默认自动命名为 F1、F2 等，可以在该文本框下修改标识符及计数器。

● 完整设备标识符：在该文本框下进行层级结构、设备标识和编号的修改。单击 按
钮，弹出"完整设备标识符"对话框，在该对话框中通过修改显示设备标识符和结
构标识符确定完整设备标识符，将设备标识符分割为前缀、标识字母、计数器、子
计数器，分别进行修改。

● 连接点代号：显示元件符号或设备在原理图中的连接点编号，元件符号上能够连接
的点为连接点，图 4-35 中熔断器有 2 个连接点，每个连接点都有一个编号，图中默
认显示为"1¶2"，标识该设备编号为 1、2，也可以称为连接点代号。创建电气符号
时，规定连接点数量，若定义功能为"可变"，则可自动以连接点数量。

● 连接点描述：显示元件符号或设备连接点编号间的间隔符，默认为"¶"。按下快捷键
【Ctrl+Enter】可以输入字符"¶"。

● 技术参数：输入元件符号或设备的技术参数，可输入元件的额定电流等参数。

● 功能文本：输入元件符号或设备的功能描述文字，如熔断器功能为"防止电流过大"。

● 铭牌文本：输入元件符号或设备铭牌上输入的文字。

● 装配地点（描述性）：输入元件符号或设备的装配地点。

● 主功能：元件符号或设备常规功能的主要功能，常规功能包括主功能和辅助功能。
在 EPLAN 中，主功能和辅助功能会形成关联参考，主功能还包括部件的选型。激活该
复选框，显示"部件"选项卡，取消"主功能"复选框的勾选，则属性设置对话框中只
显示辅助功能，隐藏"部件"选项卡，辅助功能不包含部件的选型，如图 4-36 所示。

图 4-36　不勾选"主功能"复选框

● 属性列表：在"属性名-数值"列表中显示元件符号或设备的属性，单击 ⊞ 按钮，新建元件符号或设备的属性，单击 ⋒ 按钮，删除元件符号或设备的属性。

提示：

一个元件只能有一个主功能，一个主功能对应一个部件，若一个元件具有多个主功能，说明它包含多个部件。

4.5.2 显示选项卡

"显示"选项卡用来定义元件符号或设备的属性，包括现实对象与显示样式，如图 4-37 所示。

图 4-37 "显示"选项卡

在"属性排列"下拉列表中显示默认与用户自定义两种属性排列方法，默认定义的 8 种属性包括设备标识符、关联参考、技术参数、增补说明、功能文本、铭牌文本、装配地点、块属性。在"属性排列"下拉列表中选择"用户自定义"，可对默认属性进行新增或删除。同样地，当对属性种类及排列进行修改时，属性排列自动变为"用户自定义"。

在左侧属性列表上方显示工具按钮，可对属性进行新建、删除、上移、下移、固定及拆分。

默认情况下，在原理图中元件符号与功能文本是组合在一起的，单击工具栏中的"拆分"按钮，进行拆分后，在原理图中单独移动、复制功能文本。

右侧"属性-分配"列表中显示的是属性的样式，包括格式、文本框、位置框、数值/单位及位置的设置。

4.5.3　符号数据/功能数据

符号是图形绘制的集合，添加了逻辑信息的符号在原理图中为元件，不再是无意义的符号。"符号数据/功能数据"选项卡显示符号的逻辑信息，如图 4-38 所示。

图 4-38　"符号数据/功能数据"选项卡

在该选项卡中可以进行逻辑信息的编辑设置。

1）符号数据（图形）：在该选项中设置元件的图形信息。

● 符号库：显示该元件符号或设备所在的符号库名称。

● 编号/名称：显示该元件符号或设备的符号编号，单击 ⋯ 按钮，弹出"符号选择"对话框，返回选择符号库，可重新选择替代符号。

● 变量：每个元件符号或设备包括 8 个变量，在下拉列表中选择不同的变量，相当于旋转元件符号或设备，也可将元件符号或设备先放置在原理图中后再进行旋转。

- 描述：描述元件符号或设备的型号。
- 缩略图：在右侧显示元件符号或设备的推行符号，并显示连接点与连接点编号。
2）功能数据（逻辑）：在该选项中设置元件的图形信息。
- 类别：显示元件符号或设备的所属类别。
- 组：显示元件符号或设备的所属类别下的组别。
- 定义：显示元件符号或设备的功能，显示电气逻辑。单击按钮，弹出如图 4-39 所示的"功能定义"对话框，选择该元件符号或设备对应的特性及连接点属性。

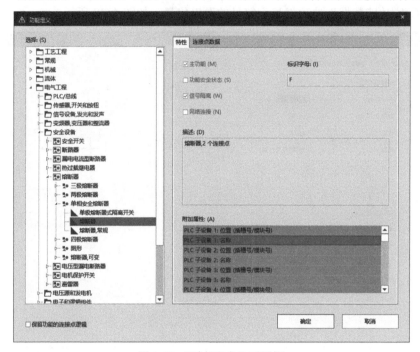

图 4-39 "功能定义"对话框

- 描述：描述简单的该元件符号或设备名称及连接点信息。
- 连接点：显示该元件符号或设备的连接点个数。
- 表达类型：显示该元件符号或设备的表达类型，选择不同的表达类型，显示对应图纸中显示的功能，达到不同的效果，一个功能可以在项目中以不同的表达类型使用，但每个表达类型仅允许出现一次。
- 主功能：激活该复选框，显示"部件"选项卡。
- 本质安全：针对设计防爆场合应用的项目，勾选该复选框后，必须选择带有本质安全特性的电气元件，避免选择不防爆的元件。
- 逻辑：单击该按钮，打开"连接点逻辑"对话框，如图 4-40 所示，可查看和定义元件连接点的连接类型。这里选择的"熔断器"只有 2 个连接点，因此只显示 1、2 两个连接点的信息。

4.5.4 部件

"部件"选项卡用于为元件符号的部件选型，完成部件选型的元件符号，不再是元件符号，可以成为设备，元件选型前部件显示为空，如图 4-41 所示。

图 4-40　"连接点逻辑"对话框

图 4-41　"部件"选项卡

4.6 设备

在 EPLAN 中，原理图中的符号称为元件，元件符号只存在于符号库中。对于一个元件符号，如断路器符号，既可以分配（选型）西门子的断路器也可分配 ABB 的断路器。原理图中的元件经过选型，添加部件后称之为设备，既有图形表达，又有数据信息。

部件是厂商提供的电气设备的数据的集合。部件存放在部件库中，部件主要标识是部件编号，部件编号不单单是数字编号，它包括部件型号、名称、价格、尺寸、技术参数、制造厂商等各种数据。

4.6.1 设备导航器

选择菜单栏中的"项目数据"→"设备"→"导航器"命令，打开"设备"导航器，如图 4-42 所示。在"设备"导航器中包含项目所有的设备信息，提供和修改设备的功能，包括设备名称的修改、显示格式的改变、设备属性的编辑等。总体来说，通过该导航器可以对整个原理图中的设备进行全局的观察及修改，其功能非常强大。

1. 筛选对象的设置

单击"筛选器"面板最上部的下拉列表按钮，可在该下拉列表框中选择想要查看的对象类别，如图 4-43 所示。

图 4-42 "设备"导航器   图 4-43 对象的类别显示

2. 定位对象的设置

在"设备"导航器中还可以快速定位导航器中的元件在原理图中的位置。选择项目文件下的设备 F1，单击鼠标右键，弹出如图 4-44 所示的子菜单，选择"转到（图形）"命令，自动打开该设备所在的原理图页，并高亮显示该设备的图形符号，如图 4-45 所示。

4.6.2 新建设备

图纸未开始设计之前，需要对项目数据进行规划，在"设备"导航器中显示选择项目中需要使用到的部件，预先在"设备"导航器中建立设备的标识符和部件数据。

图 4-44　快捷菜单

图 4-45　快速查找设备

放置设备相当于为元件符号选择部件，进行选型，下面介绍具体方法。

在"设备"导航器中选中要选型的元件，单击右键弹出快捷菜单选择"新设备"命令，弹出如图 4-46 所示的"部件选择"对话框。

图 4-46　"部件选择"对话框

在部件库列表中显示按专业分类的部件，其下均包括部件组与零部件两大类。部件可以分为零部件和部件组，部件组由零部件组成，同一个部件，可以作为零部件直接选择，也可以选择一个部件组（由该零部件组成）。例如，一个热继电器，可以直接安装在接触器上，与接触器组成部件组，也可以配上底座单独安装，作为零部件单独使用。

1. 新建部件组

在"部件库列表"中选择"部件组"下的"继电器，接触器"→"接触器"，如图 4-47 所示，单击"确定"按钮，完成选择，在"设备"导航器中显示新添加的接触器设备 K1，如图 4-48 所示。

图 4-47　选择部件组"接触器"

将部件组 K1 直接放置到原理图中，如图 4-49 所示，部件组下零部件"常开触点，主触点"也可单独放置到原理图中，如图 4-50 所示。

图 4-48　新建设备 K1　　　图 4-49　部件组 K1　　　图 4-50　零部件 K1

2．新建零部件

在"部件库列表"中选择"零部件组"下的"插头"→"常规"→"HAR"，如图 4-51 所示，单击"确定"按钮，完成零部件选择，在"设备"导航器中显示新添加的插头设备 X1，如图 4-52 所示。

图 4-51　选择零部件

图 4-52　新建设备 X1

4.6.3　放置设备

EPLAN 设计原理图的一般方法包括两种。

- 面向图形的设计方法：按照一般的绘制流程，绘制原理图、元件选型、生成报表。
- 面向对象的设计方法：可以直接从导航器中拖拽设备到原理图中，或在 Excel 中绘制部件明细表，导入 EPLAN 中后，拖拽到原理图中，忽略选型的过程。

在"设备"导航器中新建设备，选择项目中需要使用到的部件，在导航器中建立多个未放置的设备，标识设备未被放置在原理图中，还需要重新进行放置操作。下面介绍具体的放置设备的方法。

1. 直接放置

选中"设备"导航器中的设备，按住鼠标左键向图纸中拖动，将设备从导航器中拖至图纸上，鼠标上显示 🔲 符号，松开鼠标，在光标上显示浮动的设备符号，选择需要放置的位置，单击鼠标左键，设备被放置在原理图中，如图 4-53 所示。

图 4-53　拖动放置

选择菜单栏中的"插入"→"设备"命令，弹出"部件选择"对话框，选择需要的零部件或部件组，完成零部件选择后，单击"确定"按钮，原理图中在光标上显示浮动的设备符号，选择需要放置的位置，单击鼠标左键，设备被放置在原理图中。

2. 快捷命令放置

在"设备"导航器中选择要放置的设备，单击鼠标右键，弹出如图 4-54 所示的快捷菜单，选择"放置"命令，原理图中在光标上显示浮动的设备符号，如图 4-55 所示。选择需要放置的位置，单击鼠标左键，设备被放置在原理图中，如图 4-56 所示。

4.6.4　设备属性设置

双击放置到原理图的部件，弹出属性对话框，前面的选项卡属性设置与元件属性设置相同，这里不再赘述。

打开"部件"选项卡，如图 4-57 所示，显示该设备中已添加部件，即已经选型。

图 4-54　右键快捷命令　　　　图 4-55　显示浮动设备符号　　　图 4-56　显示放置的零部件

图 4-57　"部件"选项卡

1."部件编号-件数/数量"列表

在左侧"部件编号-件数/数量"列表中显示添加的部件。单击空白行"部件编号"中的 ⋯ 按钮，系统弹出如图 4-58 所示的"部件选择"对话框，在该对话框中显示部件管理库，可浏览所有部件信息，为元件符号选择正确的元器件。

部件库包括机械、流体、电气工程等相应专业下的部件组或零部件产品中需要的元器件，还可在右侧的选项卡中设置部件常规属性，包括为元件符号制定部件编号，但由于是自定义选择元器件，因此需要用户查找手册，选择正确的元器件，否则容易造成元件符号与部件不匹配的情况，导致符号功能与部件功能不一致。

图 4-58 "部件选择"对话框

2. "数据源"下拉列表

"数据源"下拉列表中显示部件库的数据库，默认情况下选择"默认"，若有需要，可单击 ⬚ 按钮，弹出如图 4-59 所示的"设置：部件（用户）"对话框，设置新的数据源，在该对话框中显示默认部件库的数据源为"Access"，在后面的文本框中显示数据源路径，该路径与软件安装路径有关。

图 4-59 "设置：部件（用户）"对话框

单击"设备"按钮下的"选择设备"命令,系统弹出如图 4-60 所示的"设置:设备选择"对话框,在该对话框下显示选择的设备的参数设置。

单击"设备"按钮下的"部件选择(项目)"命令,系统弹出如图 4-61 所示的"设置:部件选择(项目)"对话框,在该对话框下显示部件从项目中选择或自定义选择。

图 4-60 "设置:设备选择"对话框   图 4-61 "设置:部件选择(项目)"对话框

单击"设备选择"按钮,弹出如图 4-62 所示的"设备选择"对话框,在该对话框中进行智能选型,将自动显示筛选后的与元件符号相匹配的元件的部件信息。该对话框中不显示所有的元件部件信息,只显示一致性的部件。这种方法既节省了查找部件的时间,也避免了匹配错误部件的情况出现。

图 4-62 "设备选择"对话框

提示：

在原理图设计过程中，元件有的已经经过选型，有的可能还未选型，为避免定义混淆，统一称原理图中的元件或设备为元件，特定定义的除外。

4.6.5 更换设备

两个不同的设备之间更换，交换的不只是图形符号，相关设备的所有功能都被交换。

在"设备"导航器中选择要交换的两个设备，如图 4-63 所示，选择菜单栏中的"项目数据"→"设备"→"更换"命令，更换两个设备，更换后"设备"导航器如图 4-64 所示。

图 4-63　交换前的设备　　　　　　　　图 4-64　交换后的设备

4.6.6 启用停用设备

为防止设备的误删除，EPLAN 启用设备保护功能，下面介绍如何启用设备保护功能。

1. 启用设备保护功能

在"设备"导航器中选中设备，如图 4-65 所示，选择菜单栏中的"项目数据"→"设备"→"启用设备保护"命令，"设备"导航器中选中设备前添加蓝色圆圈，如图 4-66 所示，表示设备启用设备保护。此时，选择菜单栏中的"编辑"→"删除"命令或单击右键弹出快捷菜单选择"删除"命令，或按住【Delete】键，弹出如图 4-67 所示的"删除对象"提示对话框，显示无法删除所选对象。

2. 停用设备保护功能

在"设备"导航器中选中设备，选择菜单栏中的"项目数据"→"设备"→"停用设备保护"命令，"设备"导航器中选中设备前取消橙色圆圈标记，停用设备保护。

图 4-65　启用功能前

图 4-66　启用功能后

图 4-67　删除信息

4.7　操作实例——绘制机床主电路

本例绘制的机床主电路如图 4-68 所示。

图 4-68　绘制机床主电路

4.7　设置绘图环境

1.　设置绘图环境

（1）创建项目

1）选择菜单栏中的"项目"→"新建"命令，弹出"创建项目"对话框，如图 4-69 所示，在"项目名称"文本框下输入创建新的项目名称"Machine Tool Control Circuit"，在"默认位置"文本框下选择项目文件的路径，在"基本项目"下拉列表中选择项目模板"GB_bas001.zw9"。

2）单击"确定"按钮，弹出"项目属性"对话框，显示当前项目的图纸的参数属性。默认"属性名-数值"列表中的参数。

3）单击"确定"按钮，关闭对话框，删除默认添加的"=CA1+EAA/1"图纸页文件，在"页"导航器中显示创建的空白新项目"Machine Tool Control Circuit.elk"，如图4-70所示。

图4-69 "创建项目"对话框

图4-70 空白新项目

（2）图页的创建

1）在"页"导航器中选中项目名称"Machine Tool Control Circuit.elk"，选择菜单栏中的"页"→"新建"命令，或在"页"导航器中选中项目名称并单击右键，选择"新建"命令，弹出"新建页"对话框。

2）在该对话框中"完整页名"文本框内输入电路图页名称，默认名称为"/1"，单击右侧 按钮，弹出如图4-71所示的"完整页名"对话框，设置高层代号与位置代号，得到完整的页名。在"页类型"下拉列表中选择"多线原理图"（交互式），"页描述"文本框输入图纸描述"电气原理图"，在"属性名-数值"列表中默认显示图纸的表格名称、图框名称、图纸比例与栅格大小。完成设置的对话框如图4-72所示。

图4-71 "完整页名"对话框

图 4-72 "新建页"对话框

3）单击"确定"按钮，在"页"导航器中创建原理图页 1。在"页"导航器中显示添加原理图页结果，如图 4-73 所示。

图 4-73 新建图页文件

2. 绘制主电路

主电路有 2 台电动机：M1 为主电动机，拖动主轴带着工件旋转；M2 为冷却泵电动机，拖动冷却泵输出冷却液。

（1）插入电机元件

1）选择菜单栏中的"插入"→"设备"命令，弹出如图 4-74 所示的

4.7 绘制机床主电路

"部件选择"对话框,选择需要的元件部件——电机,完成选择后,单击"确定"按钮,原理图中在光标上显示浮动的元件符号,选择需要放置的位置,单击鼠标左键,在原理图中放置元件。

图 4-74 "部件选择"对话框

2) 继续放置电动机 M2,结果如图 4-75 所示。同时,在"设备"导航器中显示新添加的电动机元件 M1、M2,如图 4-76 所示。

图 4-75 放置电动机设备

图 4-76 显示放置的设备

3) 双击电动机,弹出"属性(全局):常规设备"对话框,技术参数改为"3 kW",如图 4-77 所示。

图 4-77　"属性（全局）：常规设备"对话框

（2）插入电机保护开关

1）选择菜单栏中的"插入"→"设备"命令，弹出如图 4-78 所示的"部件选择"对话框，选择需要的部件——电机保护开关，单击"确定"按钮，关闭对话框。

图 4-78　部件选择

2）这时光标变成十字形状并附加一个交叉记号，将光标移动到原理图电机元件的垂直上方位置，单击完成部件插入，在原理图中放置部件，如图 4-79 所示。

图 4-79　放置电机保护开关

3）双击电机保护开关 Q1，自动弹出"属性（全局）：常规设备"对话框，修改设备标识符 FR，单击"确定"按钮，关闭对话框，使用同样的方法修改电机保护开关的常闭触点，修改结果如图 4-80 所示。

图 4-80　编辑电机保护开关

（3）插入接触器

选择菜单栏中的"插入"→"设备"命令，弹出"部件选择"对话框，选择需要的"继电器，接触器/接触器/SIE"，设备编号为"SIE.3RT2015-1BB41-1AA0"，单击"确定"按钮，单击鼠标左键放置，如图 4-81 所示。

（4）插入三级熔断器

选择菜单栏中的"插入"→"设备"命令，弹出"部件选择"对话框，选择需要的部件"安全设备/安全开关/SIE/SIE.3VA1032-2ED32-0AAO"，单击"确定"按钮，关闭对话框。

这时光标变成十字形状并附加一个交叉记号，单击完成部件插入，在原理图中放置部件 Q1、Q2。

双击保护开关 Q1、Q2，修改设备标识符 FU1、FU2，单击"确定"按钮，关闭对话框，如图 4-82 所示。

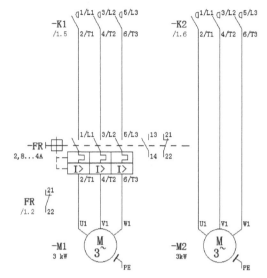

图 4-81 放置接触器 K1、K2 主触点

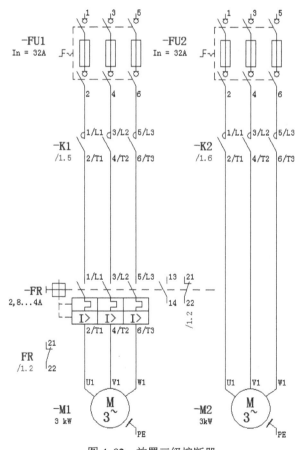

图 4-82 放置三级熔断器

至此，完成主电路绘制。

第 5 章　元件的电气连接

素养目标

➤ 在掌握技能目标的同时，培养读者融会贯通、严谨务实的优秀品质

➤ 严谨认真，关注细小因素造成的影响

技能目标

➤ 学会连接符号与端子的绘制方法

➤ 掌握电缆连接的绘制方法

➤ 了解电位的相关概念

项目导读

在图纸上放置好所需要的各种元件并且对它们的属性进行相应的编辑之后，根据电路设计的具体要求，就可以着手将各个元件连接起来，以使电路实际连通。这里所说的连接，指的是具有电气意义的连接，即电气连接。

电气连接有两种实现方式，一种是直接使用导线将各个元件连接起来，称为"物理连接"；另一种是"逻辑连接"，即不需要实际的相连操作，而是通过设置中断点使得元件之间具有电气连接关系。

EPLAN 是一款专业的电气制图软件，元件之间的接线被称为网络。在电气工程中，网络连接包括单芯线连接、电缆连接和母线连接等。

5.1　连接符号

在 EPLAN 中设备之间，自动连接只能进行水平或垂直电气连接，遇到需要拐弯、多设备连接、不允许连线等情况时，需要使用连接符号连接，连接符号包括角、T 节点及其变量等连接符号，通过连接符号可了解设备间的接线情况及接线顺序。

EPLAN Electric P8 提供了 3 种使用连接符号对原理图进行连接的操作方法。

1. 使用菜单命令

菜单栏中的"插入"→"连接符号"子菜单就是原理图连接符号工具菜单，如图 5-1 所示。经常使用的菜单命令有角命令、T 节点命令等。

2. 使用快捷键

上述各项命令都有相应的快捷键。例如，设置"右下角"命令的快捷键是【F3】，绘制"向下 T 节点"的快捷键是【F7】等。使用快捷键可以大大提高操作速度。

下面介绍不同功能连接符号的使用方法。

图 5-1　"连接符号"子菜单

5.1.1　导线的角连接模式

如果要连接的两个引脚不在同一水平线或同一垂直线上，则在放置导线的过程中需要使用角连接确定导线的拐弯位置，包括 4 个方向的"角"命令，分别为右下角、右上角、左下角、左上角，如图 5-2 所示。

图 5-2　导线的角连接模式

选择菜单栏中的"插入"→"连接符号"→"角（右下）"命令，此时光标变成交叉形状并附加一个角符号。

将光标移动到想要完成电气连接的设备水平或垂直位置上，出现红色的连接符号表示电气连接成功。移动光标，确定导线的终点，完成两个设备之间的电气连接。此时光标仍处于放置角连接的状态，重复上述操作可以继续放置其他的导线。导线放置完毕，右键选择"取消操作"命令或按【Esc】键即可退出该操作。如图 5-3 所示。

放置其他方向的角步骤相同，这里不再赘述。

图 5-3　角连接步骤

在光标处于放置角连接的状态时按【Tab】键，旋转角连接符号，变换角连接模式，如

图 5-4 所示。

图 5-4 变换角连接模式

角连接的导线可以删除，在导线拐角处选中角，按住【Delete】键，即可删除，如图 5-5 所示。

图 5-5 删除角连接导线

5.1.2 导线的 T 节点连接模式

T 节点是电气图中对连接进行分支的符号，是多个设备连接的逻辑标识，还可以显示设备的连接顺序，如图 5-6 所示，节点要带 3 个连接点。没有名称的点表示连接起点，显示通过直线箭头找到的第 1 个目标和通过斜线找到的第 2 个目标，可以理解为实际项目中的电路并联。这些信息都将在生成的连接图标、接线表和设备接线图中显示。

图 5-6 显示连接顺序

1）选择菜单栏中的"插入"→"连接符号"→"T 节点（向右）"命令，此时光标变成交叉形状并附加一个 T 节点符号⊦。

将光标移动到想要完成电气连接的设备水平或垂直位置上，移动光标，确定导线的 T 节点插入位置，出现红色的连接线，表示电气连接成功，如图 5-7 所示，单击鼠标左键，完成两个设备之间的电气连接，此时 T 节点显示"点"模式 ⬤ ，如图 5-8 所示。此时光标仍处于放置 T 节点连接的状态，重复上述操作可以继续放置其他的 T 节点导线。导线放置完毕，右键选择"取消操作"命令或按【Esc】键即可退出该操作。

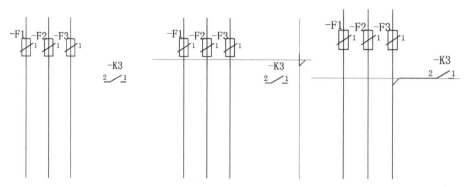

图 5-7　T 节点连接步骤

放置其他方向的 T 节点步骤相同，这里不再赘述。

2）在光标处于放置 T 节点的状态时按【Tab】键，旋转 T 节点连接符号，变换 T 节点连接模式，EPLAN 有 4 个方向的"T 节点"连接命令，而每一个方向的 T 节点连接符号又有 4 种连接关系可选，见表 5-1。

表 5-1　变换 T 节点方向

T 节点方向	按钮	按【Tab】键次数			
		0	1	2	3
向下					
向上					
向右					
向左					

3）设置 T 节点的属性：双击 T 节点即可打开 T 节点的属性编辑面板，如图 5-9 所示。

在该对话框中显示 T 节点的 4 个方向及不同方向的目标连线顺序，勾选"作为点描绘"复选框，T 节点显示为"点"模式 ⬤ ，取消勾选该复选框，根据选择的 T 节点方向显示对应的符号或其变量关系，如图 5-10 所示。

4）设置 T 节点的显示模式。EPLAN 中默认 T 接点是 T 形显示的，有些公司可能要求使用点来表示 T 形连接，有些可能要求直接使用 T 形显示，对于这些要求，通过修改 T 接点属性来逐一更改，过于烦琐，可以通过设置来更改整个项目的 T 接点设置，具体操作方法如下：

图 5-8　插入 T 节点　　　　图 5-9　T 节点属性设置　　　　图 5-10　取消"点"模式

选择菜单栏中的"选项"→"设置"命令，弹出"设置"对话框，选择"项目"→"项目名称"→"图形的编辑"→"常规"选项，在"显示连接支路"选项组下选择 T 形显示，推荐使用 T 形连接"包含目标确定"，如图 5-11 所示，完成设置后，进行 T 节点连接后直接为 T 形显示，如图 5-12 所示。

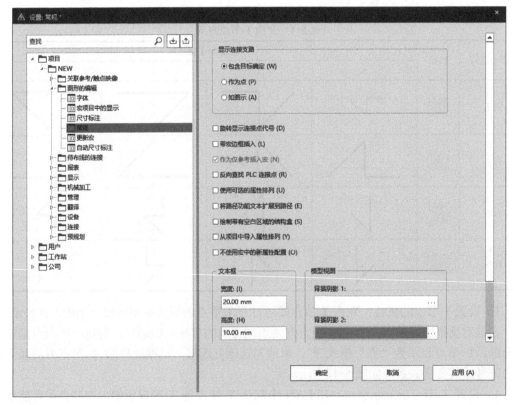

图 5-11　选择 T 形显示模式

若选择"作为点"和"如图示"单选钮，则 T 节点连接后直接为点显示，如图 5-13 所示，可通过"T 节点"属性设置对话框进行修改。

图 5-12　包含目标确定　　　　　　　　　　　图 5-13　作为点显示

5.1.3　导线的断点连接模式

　　在 EPLAN 中，当两个设备的连接点水平或垂直对齐时，系统会自动连接，若不希望自动连接，则需要引入"断点"命令，在任意自动连接的导线上插入一个断点，断开自动连接的导线。

　　选择菜单栏中的"插入"→"连接符号"→"断点"命令，此时光标变成交叉形状并附加一个断点符号○。

　　将光标移动到需要阻止自动连线的位置（想要插入断点的导线上），导线由红色变为灰色，单击插入断点，此时光标仍处于插入断点的状态，重复上述操作可以继续插入其他的断点。断点插入完毕，选择右键"取消操作"命令或按【Esc】键即可退出该操作。如图 5-14所示。

图 5-14　插入断点

5.1.4　导线的十字接头连接模式

　　在连接过程中，不可避免会出现接线的情况，在 EPLAN 中，十字接头连接是分散接线，每侧最多连接 2 根线，不存在一个接头连接 3 根线的情况，适合于配线。

　　选择菜单栏中的"插入"→"连接符号"→"十字接头"命令，此时光标变成交叉形状并附加一个十字接头符号╬。

　　将光标移动到想要插入十字接头的导线上，确定导线的十字接头插入位置，单击插入十字接头，此时光标仍处于插入十字接头的状态，重复上述操作可以继续插入其他的十字接头。十字接头插入完毕，右键选择"取消操作"命令或按【Esc】键即可退出该操作。如图 5-15 所示。

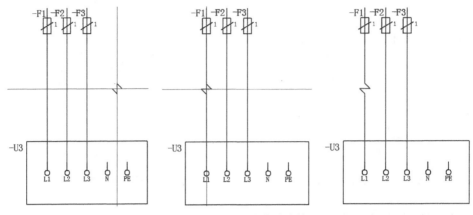

图 5-15　插入十字接头连接

在光标处于放置十字接头的状态时按【Tab】键，旋转十字接头连接符号，变换十字接头连接模式。

设置十字接头的属性。双击十字接头即可打开十字接头的属性编辑面板，如图 5-16 所示。在该对话框中显示十字接头的 4 个方向，十字接头连接一般是把左下线互联，右上线互联，上下线互联。

图 5-16　十字接头属性设置

5.1.5　导线的对角线连接模式

有些时候，为了增强原理图的可观性，把导线绘制成斜线，在 EPLAN 中，对角线其实就是斜向连接。

选择菜单栏中的"插入"→"连接符号"→"对角线"命令，此时光标变成交叉形状并附加一个符号🖉。

　　将光标移动到想要插入对角线的导线上，导线由红色变为灰色，单击插入对角线起点，拖动鼠标向外移动，单击鼠标左键确定第一段导线的终点，完成斜线绘制，如图 5-17 所示。此时光标仍处于插入对角线的状态，重复上述操作可以继续插入其他的对角线。对角线插入完毕，右键选择"取消操作"命令或按【Esc】键即可退出该操作。

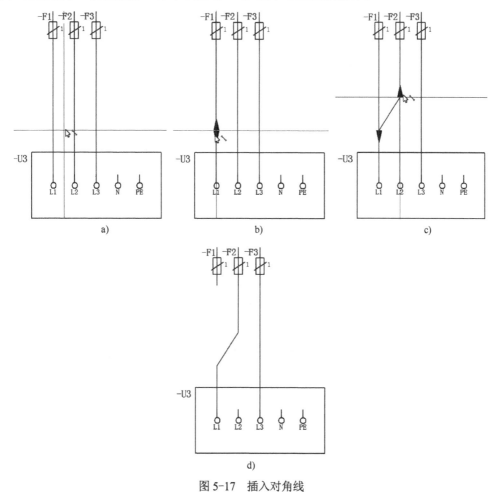

图 5-17　插入对角线

　　在光标处于放置对角线的状态时按【Tab】键，变换对角线箭头方向，切换为反置方向；任意旋转对角线连接符号，变换对角线斜线角度。

5.2　端子

　　端子通常指的是柜内的通用端子，如菲尼克斯的 ST2.5、魏德米勒的 ZDU2.5，端子有内外侧之分，内侧端子一般用于柜内，外侧端子一般作为对外接口，端子的 1 和 2，1 通常指内部，2 指外部（内外部相对于柜体来说）。在原理图中，添加部件的端子是真实的设备。

5.2.1　端子分类

　　选择菜单栏中的"插入"→"符号"命令，系统将弹出如图 5-18 所示的"符号选择"

对话框，在该对话框中用户可选择端子符号。

图 5-18 "符号选择"对话框

单击"端子"左侧的"+"符号，显示不同连接点和不同类型的端子符号，如图 5-19 所示。

图 5-19 端子类型

1）端子在原理图中根据图形视觉效果分为单侧与两侧，如图 5-20 所示。

图 5-20　单侧与两侧端子

2）在图 5-20 中选择 1 个连接点的单侧端子，在图 5-21 中显示端子变量，图 5-21a 中为端子变量 A，图 5-21b 中为端子变量 B，图 5-21c 中为端子变量 C，图 5-21d 中为端子变量 D，图 5-21e 中为端子变量 E，图 5-21f 中为端子变量 F，图 5-21g 中为端子变量 G，图 5-21h 中为端子变量 H。以 A 变量为基准，逆时针旋转 90°，形成 B 变量；再以 B 变量为基准，逆时针旋转 90°，形成 C 变量；再以 C 变量为基准，逆时针旋转 90°，形成 D 变量；而 D、E、F、H 变量分别是 A、B、C、D 变量的镜像显示结果。

图 5-21 端子的符号变量

3）选择需要的端子符号，单击"确定"按钮，原理图中在光标上显示浮动的端子符号，端子符号默认为 X？，如图 5-22 所示。选择需要放置的位置，单击鼠标左键，自动弹出端子属性设置对话框，如图 5-23 所示。端子自动根据原理图中放置的编号进行更改，默认排序显示 X6，单击"确定"按钮，完成设置，端子被放置在原理图中，如图 5-24 所示。同时，在"端子排"导航器中显示新添加的端子 X6，如图 5-25 所示。

图 5-22 显示端子符号

图 5-23 属性设置对话框

此时光标仍处于放置端子的状态，重复上述操作可以继续放置其他的端子。端子放置完毕，右键选择"取消操作"命令或按【Esc】键即可退出该操作。

放置其他类型的端子步骤相同，这里不再赘述。

图 5-24　显示放置的端子

$-X6$ ⚲1

图 5-25　放置端子

4）在端子属性设置对话框中显示"主端子"与"分散式端子"复选框。其中，勾选"主端子"复选框，表示端子赋予主功能。与设备相同，端子也分主功能与辅助功能，未勾选该复选框的端子被称为辅助端子，在原理图中起辅助功能。勾选"分散式端子"复选框的端子为分散式端子，下节将详细讲述该类端子的功能。

5.2.2　分散式端子

一个端子在同一页不同位置或不同页显示可以用分散式端子。

选择菜单栏中的"插入"→"分散式端子"命令，此时光标变成交叉形状并附加一个分散式端子符号，如图 5-26 所示。

将光标移动到想要插入分散式端子并连接的元件水平或垂直位置上，出现红色的连接符号表示电气连接成功。移动光标，确定端子的终点，完成分散式端子与元件之间的电气连接。此时光标仍处于插入分散式端子的状态，重复上述操作可以继续插入其他的分散式端子。分散式端子放置完毕，右键选择"取消操作"命令或按【Esc】键即可退出该操作。

1）双击选中的分散式端子符号或在插入端子的状态时，单击鼠标左键确认插入位置后，自动弹出分散式端子属性设置对话框，显示分散式端子为带鞍形跳线、4 个连接点的端子，单击"确定"按钮，完成设置，分散式端子被放置在原理图中，如图 5-27 所示。

-X? ◯ ◯

图 5-26　显示分散式端子符号

图 5-27　放置端子

2）根据分散式端子属性设置对话框中的"功能定义"显示，在"符号选择"对话框可以找到相同的分散式端子，如图 5-28 所示。

图 5-28　分散式端子

5.2.3　端子排

端子排承载多个或多组相互绝缘端子组件，用于将柜内设备和柜外设备的线路连接，起到信号传输的作用。

1. 插入端子排

选择菜单栏中的"项目数据"→"端子排"→"导航器"命令，打开"端子排"导航器，如图 5-29 所示，包括"树"标签与"列表"标签。在"树"标签中包含项目所有端子的信息，在"列表"标签中显示配置信息。

在导航器中空白处单击鼠标右键，弹出快捷菜单，选择"生成端子"命令，系统弹出如图 5-30 所示的"属性（元件）：端子"对话框，在该对话框中显示 4 个选项卡，在"名称"栏输入端子名称。

单击"确定"按钮，完成设置，关闭对话框，在"端子排"导航器中显示新建的端子，如图 5-31 所示。

在新建的端子上，单击鼠标右键，选择"新功能"命令，弹出"生成功能"对话框，如图 5-32 所示。在"完整设备标识符"栏输入端子排的名称，通过名称表示项目层级。在"编号式样"文本框中输入端子序号，输入"1-10"，表示创建单层 10 个端子，端子编号显示为 1-10，结果如图 5-33 所示。输入"3+-5-"，表示第 3 层第 5 个端子。

图 5-29 "端子排"导航器

图 5-30 "属性(元件):端子"对话框

图 5-31 新建端子

图 5-32 "生成功能"对话框

图 5-33 新建端子排

2. 端子排编辑

在"端子排"导航器中新建的端子排上，单击鼠标右键，选择"编辑"命令，弹出"编辑端子排"对话框，提供各种编辑端子排的功能，如端子排的排序、编号、重命名、移动、添加端子排附件等，如图5-34所示。

3. 端子排序

端子排上的端子默认按字母数字来排序，也可选择其他排序类别，在端子上单击鼠标右键，选择"端子排排序"命令，弹出如图5-35所示的排序类别。

图5-34 "编辑端子排"对话框

图5-35 排序类别

- 删除排序：删除端子的排序序号。
- 数字：对以数字开头的所有端子名称进行排序（按照数字大小升序排列），所有端子仍保持在原来的位置。
- 字母数字：端子按照其代号进行排序（数字升序→字母升序）。
- 基于页：基于图框逻辑进行排序，即按照原理图中的图形顺序排序。
- 根据外部电缆：用于连接共用的一根电缆的相邻的端子（外部连接）。
- 根据跳线：根据手动跳线设置后调整端子连接，生成鞍形跳线。
- 给出的顺序：根据默认顺序进行排序。

提示：

在默认创建的端子XX1吋，已有一个端子，因此在"编号样式"栏，可输入"2-10"，也可以选中创建的端子XX1，删除该端子。

在"端子排"导航器直接拖动创建的端子排到原理图中即可。

5.2.4 端子排定义

在EPLAN中，通过端子排定义管理端子排，端子排定义识别端子排并显示排的全部重要数据及排部件。

1）在创建的端子排上，单击右键选择"生成端子排定义"命令，系统弹出如图5-36所示的"属性（元件）：端子排定义"对话框。

- 在"显示设备标识符"栏定义端子名称。
- 在"功能文本"中显示端子在端子排总览中的用途。
- 在"端子图表表格"中为当前端子排制定专用的端子图表，该报表在自动生成时不适用报表设置中的模板。

单击"确定"按钮，完成设置，关闭对话框，在"端子排"导航器中显示新建的端子排定义，如图 5-37 所示。

图 5-36 "属性（元件）：端子排定义"对话框

图 5-37 新建的端子排定义

2）选择菜单栏中的"插入"→"端子排定义"命令，这时光标变成交叉形状并附加一个端子排记号，将光标移动到想要插入端子排的端子上，单击鼠标左键插入，系统弹出如图 5-38 所示的"属性（元件）：端子排定义"对话框，设置端子排的功能定义，输入设备标识符"-X7"，完成设置后关闭该对话框，在原理图中显示端子排的图形化表示"-X7=三相"，如图 5-39 所示。

图 5-38 "属性（元件）：端子排定义"对话框

图 5-39 插入端子排定义

5.2.5 实例——电动机手动直接起动电路

手动控制是指手动进行电动机直接起动操作,可以使用的手动电器有刀开关、转换开关、转换开关、断路器和组合开关。

1. 创建项目

选择菜单栏中的"项目"→"新建"命令,弹出如图 5-40 所示的对话框,在"项目名称"文本框下输入创建新的项目名称"diandongjishoudong",在"保存位置"文本框下选择项目文件的路径,在"基本项目"下拉列表中选择模板"GB_bas001.zw9"。

5.2.5 实例——
电动机手动直接
起动电路

单击"确定"按钮,显示创建新项目进度对话框,如图 5-41 所示,进度条完成后,弹出"项目属性"对话框,显示当前项目的图纸的参数属性。默认"属性名-数值"列表中的参数,如图 5-42 所示,单击"确定"按钮,关闭对话框,删除默认添加的"=CA1+EAA/1"图纸页文件,在"页"导航器中显示创建的空白新项目"diandongjishoudong",如图 5-43 所示。

图 5-40 "创建项目"对话框

图 5-41 进度对话框

图 5-42 "项目属性"对话框

图 5-43 空白新项目

2．图页的创建

1）在"页"导航器中选中项目名称"diandongjishoudong"，选择菜单栏中的"页"→"新建"命令，或在"页"导航器中选中项目名称上单击右键，选择"新建"命令，如图 5-44 所示，弹出如图 5-45 所示的"新建页"对话框。

图 5-44　新建命令

图 5-45　"新建页"对话框

95

2）在该对话框中"完整页名"文本框内输入电路图页名称，默认名称为"/1"，如图 5-45 所示。从"页类型"下拉列表中选择需要页的类型。在"页类型"下拉列表中选择"多线原理图（交互式）"，"页描述"文本框输入图纸描述"刀开关控制"。

3）在"属性名-数值"列表中默认显示图纸的表格名称、比例、栅格及创建者。

4）在"属性"列表中单击"新建"按钮 ⊞，弹出"属性选择"对话框，选择"创建者的特别注释"属性，如图 5-46 所示，单击"确定"按钮，在添加的属性"创建者的特别注释"栏的"数值"列输入"三维书屋"，完成设置的对话框如图 5-47 所示。

图 5-46 "属性选择"对话框   图 5-47 "新建页"对话框

5）单击"应用"按钮，在"页"导航器中创建原理图页 1。此时，"新建页"对话框中"完整页名"文本框内电路图页名称自动递增为"/2"，"页描述"文本框输入图纸描述"转换开关控制"，如图 5-48 所示。单击"应用"按钮，在"页"导航器中重复创建原理图页 2。

图 5-48 创建原理图页 2

6）使用同样的方法创建原理图页 3，"页描述"文本框输入图纸描述"断路器控制"，如图 5-49 所示。单击"确定"按钮，完成图页添加，在"页"导航器中显示添加原理图页结果，如图 5-50 所示。

图 5-49　创建原理图页 3

图 5-50　新建图页文件

双击图页 1，进入原理图编辑环境。

3. 插入电机元件

选择菜单栏中的"插入"→"符号"命令，弹出如图 5-51 所示的"符号选择"对话框，

图 5-51　"符号选择"对话框

选择需要的元件——电机，完成元件选择后，单击"确定"按钮，原理图中在光标上显示浮动的元件符号，选择需要放置的位置，单击鼠标左键，在原理图中放置元件，自动弹出"属性（元件）：常规设备"对话框，设置电机属性，如图 5-52 所示。完成属性设置后，单击"确定"按钮，关闭对话框，显示放置在原理图中的电机元件 M1，如图 5-53 所示。同时，在"设备"导航器中显示新添加的电机元件 M1，如图 5-54 所示。

图 5-52　电机"属性（元件）：常规设备"对话框

图 5-53　放置电机元件　　　　　　　图 5-54　显示放置的元件

4．插入熔断器元件

选择菜单栏中的"项目数据"→"符号"命令，在工作窗口左侧就会出现"符号选择"选项卡，并自动弹出"符号选择"导航器，在导航器树形结构选中"GB_symbol"→"电气工程"→"安全设备"→"三级熔断器"→"F3"元件符号，直接拖动到原理图中适当位置或在该元件符号上单击右键，选择"插入"命令，如图 5-55 所示。

自动激活元件放置命令，这时光标变成十字形状并附加一个交叉记号，如图 5-56 所示，将光标移动到原理图电动机元件的垂直上方位置，单击完成元件符号插入，在原理图中放置元件，自动弹出"属性（元件）：常规设备"对话框，设置熔断器属性，如图 5-57 所示。完成属性设置后，单击"确定"按钮，关闭对话框，显示放置在原理图中与电机元件 M1 自动连接的熔断器元件 F1，如图 5-58 所示。此时鼠标仍处于放置熔断器元件符号的状态，右键选择"取消操作"命令或按【Esc】键即可退出该操作。

图 5-55　选择熔断器

图 5-56　插入熔断器

图 5-57　熔断器"属性（元件）：常规设备"对话框

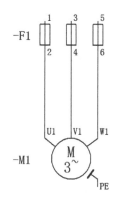

图 5-58　放置熔断器元件

5．插入刀开关元件

在"符号选择"导航器树形结构选中"GB_symbol"→"电气工程"→"传感器、开关和按钮"→"开关/按钮"→"三级开关/按钮"→"Q3_1"元件符号，直接拖动到原理图中适当位置或在该元件符号上单击右键，选择"插入"命令，如图5-59所示。

自动激活元件放置命令，这时光标变成十字形状并附加一个交叉记号，如图5-60所示，将光标移动到原理图熔断器元件的垂直上方位置，单击完成元件符号插入，在原理图中放置元件，自动弹出"属性（元件）：常规设备"对话框，设置开关属性，如图5-61所示。完成属性设置后，单击"确定"按钮，关闭对话框，显示放置在原理图中与熔断器元件F1自动连接的开关元件Q1，如图5-62所示。此时鼠标仍处于放置开关元件符号的状态，右键选择"取消操作"命令或按【Esc】键即可退出该操作。

图5-59　选择刀开关

图5-60　插入刀开关

图5-61　刀开关"属性（元件）：常规设备"对话框

图5-62　放置刀开关元件

6. 插入端子符号

在"符号选择"导航器树形结构选中"GB_symbol"→"电气工程"→"端子和插头"→"端子"→"端子"→"1 个连接点"→"X1_NB"元件符号，直接拖动到原理图中适当位置或在该元件符号上单击右键，选择"插入"命令，如图 5-63 所示。

自动激活元件放置命令，这时光标变成十字形状并附加一个交叉记号，如图 5-64 所示，将光标移动到原理图开关元件的垂直上方位置，单击完成元件符号插入，在原理图中放置元件，自动弹出"属性（元件）：端子"对话框，设置端子属性，如图 5-65 所示。设置端子名称为 L1，单击"确定"按钮，关闭对话框，显示放置在原理图中与开关元件 Q1 自动连接的端子 L1，此时鼠标仍处于放置端子元件符号的状态，继续放置端子 L2、L3，右键选择"取消操作"命令或按【Esc】键即可退出该操作，如图 5-66 所示。

图 5-63　选择端子符号

图 5-64　插入端子符号

图 5-65　端子"属性（元件）：端子"对话框

图 5-66　放置端子

5.3 盒子连接点/连接板/安装板

5.3.1 母线连接点

母线连接点指的是母线排，既可以是铜母线排，也可以是汇流排等。它的特点是母线连接点具有相同的 DT（设备标识符）时，所有的连接点是相互连通的，可以传递电位和信号。电气图纸中最常见的就是接地母排使用"母线连接点"来表达。

1. 插入母线连接点

选择菜单栏中的"插入"→"盒子/连接点/安装板"→"母线连接点"命令，此时光标变成交叉形状并附加一个母线连接点符号⏚。

将光标移动到想要插入母线连接点的元件水平或垂直位置上，出现红色的连接符号表示电气连接成功。移动光标，选择母线连接点的插入点，在原理图中单击鼠标左键确定插入母线连接点。此时光标仍处于插入母线连接点的状态，重复上述操作可以继续插入其他的母线连接点。母线连接点插入完毕，右键选择"取消操作"命令或按【Esc】键即可退出该操作。结果如图 5-67 所示。

图 5-67　插入母线连接点

2. 确定母线连接点方向

在光标处于放置母线连接点的状态时按【Tab】键，旋转母线连接点连接符号，变换母线连接点连接模式。

3. 设置母线连接点的属性

在插入母线连接点的过程中，用户可以对母线连接点的属性进行设置。双击母线连接点或在插入母线连接点后，弹出如图 5-68 所示的母线连接点属性设置对话框，在该对话框中可以对母线连接点的属性进行设置，在"显示设备标识符"中输入母线连接点的编号，母线连接点名称可以是信号的名称，也可以自定义。

图 5-68　母线连接点属性设置对话框

5.3.2　连接分线器

在 EPLAN 中，默认情况下，系统在导线的 T 型交叉点或十字交叉点处无法自动连接，如果导线确实需要相互连接的，就需要用户自己手动插入连接分线器。

选择菜单栏中的"插入"→"连接分线器/线束分线器"命令，弹出如图 5-69 所示的子菜单。

- ● 连接分线器 (C)
- ● 连接分线器(十字接头) (O)
- ▯ 线路连接器(角) (L)
- ▮ 线路连接器 (I)

图 5-69　连接分线器子菜单

1. 插入连接分线器

选择菜单栏中的"插入"→"连接分线器/线束分线器"→"连接分线器"命令，此时光标变成交叉形状并附加一个连接分线器符号 ●。

将光标移动到想要插入连接分线器的元件水平或垂直位置上，出现红色的连接符号表示电气连接成功。移动光标，选择连接分线器插入点，在原理图中单击鼠标左键确定插入连接分线器 X5。此时光标仍处于插入连接分线器的状态，重复上述操作可以继续插入其他的连接分线器。连接分线器插入完毕，右键选择"取消操作"命令或按【Esc】键即可退出该操作。如图 5-70 所示。

2. 确定连接分线器方向

在光标处于放置连接分线器的状态时按【Tab】键，旋转连接分线器连接符号，变换连接分线器连接模式。

图 5-70 插入连接分线器

3. 设置连接分线器的属性

在插入连接分线器的过程中，用户可以对连接分线器的属性进行设置。双击连接分线器或在插入连接分线器后，弹出如图 5-71 所示的连接分线器属性设置对话框，在该对话框中可以对连接分线器的属性进行设置，在"显示设备标识符"中输入连接分线器的编号，连接分线器点名称可以是信号的名称，也可以自定义。

图 5-71 连接分线器属性设置对话框

4. 插入角连接

选择菜单栏中的"插入"→"连接符号"→"角（右下）"命令，此时光标变成交叉形状并附加一个角符号 ┱。

　　将光标移动到想要完成电气连接的设备水平或垂直位置上，出现红色的连接符号表示电气连接成功。移动光标，确定导线的终点，完成两个设备之间的电气连接。此时光标仍处于放置角连接的状态，重复上述操作可以继续放置其他的导线。导线放置完毕，右键选择"取消操作"命令或按【Esc】键即可退出该操作，如图 5-72 所示。

　　若不添加连接分线器，可直接进行角连接，结果如图 5-73 所示。

图 5-72　角连接步骤　　　　　　　　图 5-73　直接进行角连接

　　插入其他连接分线器选择相同的方法，具体步骤这里不再赘述。

5.3.3　线束连接

　　在多线原理图中，控制器或变频器有可能会连接一个或多个插头，如果要表达它们的每一个连接，图纸会显得非常紧密和凌乱。信号线束是一组具有相同性质的并行信号线的组合，通过信号线束线路连接可以大大简化图纸，使其看起来更加清晰。

　　线束连接点根据类型不同，包括 5 种类型，包括直线、角、T 节点、十字接头、T 节点分配器。其中，进入线束并退出线束的连接点一端显示为细状，线束和线束之间的连接点为粗状。

　　选择菜单栏中的"插入"→"线束连接点"命令，弹出如图 5-74 所示的子菜单。

符号	名称
╫	直线 (S)
┌─	角 (A)
╥	T 节点 (T)
╬	十字接头 (D)
╥	T 节点分配器 (I)

图 5-74　线束连接点子菜单

1. 直线

　　1）选择菜单栏中的"插入"→"线束连接点"→"直线"命令，此时光标变成十字形状，光标上显示浮动的线束连接点直线符号 ╂。

　　2）将光标移动到想要放置线束连接点直线的元件的水平或垂直位置上，在光标处于放置线束连接点直线的状态时按【Tab】或【Ctrl】键，旋转线束连接点直线符号，变换线束连接点直线模式。

　　移动光标，出现红色的符号，表示电气连接成功。单击插入线束连接点直线后，此时光标仍处于插入线束连接点直线的状态，重复上述操作可以继续插入其他的线束连接点直线，如图 5-75 所示。

图 5-75　插入线束连接点直线

3）设置信号线束的属性。在插入信号线束的过程中，用户可以对信号线束的属性进行设置。双击线束连接点直线或在插入线束连接点直线后，弹出如图 5-76 所示的线束连接点属性设置对话框，在该对话框中可以对信号线束的属性进行设置，在"线束连接点代号"中输入线束的编号。

图 5-76　线束连接点属性设置对话框

2. 角

1）选择菜单栏中的"插入"→"线束连接点"→"角"命令，此时光标变成十字形状，光标上显示浮动的线束连接点角符号▄。

2）将光标移动到想要放置线束连接点角的元件的水平或垂直位置上，在光标处于放置线束连接点角的状态时按【Tab】或【Ctrl】键，旋转线束连接点角符号，变换线束连接点角模式。

移动光标，出现红色的符号，表示电气连接成功，如图 5-77 所示。单击插入线束连接点角后，此时光标仍处于插入线束连接点角的状态，重复上述操作可以继续插入其他的线束连接点角。

3）设置信号线束的属性。在插入信号线束的过程中，用户可以对信号线束的属性进行设置。双击线束连接点直线或在插入线束连接点角后，弹出线束连接点属性设置对话框，在该对话框中可以对信号线束的属性进行设置，在"线束连接点代号"中输入线束的编号。

使用同样的方法插入线束连接 T 节点、线束连接十字接头、线束连接 T 节点分配器，结果如图 5-78 所示。

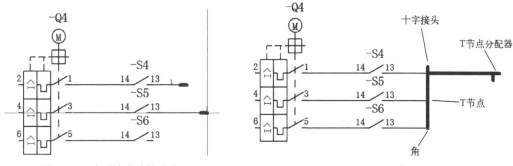

图 5-77　放置线束连接点角　　　　　　　　　图 5-78　线束连接

线束连接点的作用类似总线，它把许多连接汇总起来用一个中断点送出去，所以线束连接点往往与中断点配合使用。

插入其他线束连接点方法相同，具体步骤这里不再赘述。

5.3.4　中断点

在 EPLAN 中，一个连接、网络、电位或者信号需要在其他地方表示，需要用中断点表达，特别是在连接的线路比较远，或者连接过于复杂，而使走线比较困难时，使用中断点代替实际连接可以大大简化原理图。

EPLAN 是最佳的电气制图辅助制图软件，功能相当强大，在电气原理图中经常用到中断点来表示两张图纸使用同一根导线，单击中断点自动在两个原理图页中跳转。

原理图分散在许多页图纸中，之间的联系就靠中断点了。同名的中断点在电气上是连接在一起的，如图 5-79 所示。它们之间互为关联参考，选中一个中断点，按【F】键，会跳转到相关联的另一点。不过中断点只能够一一对应，不能一对多或多对一。

图 5-79　插入中断点 1

EPLAN 电气设计基础与应用　第 2 版

1. 插入中断点

选择菜单栏中的"插入"→"连接符号"→"中断点"命令，此时光标变成交叉形状并附加一个中断点符号 ⇥ 。

将光标移动到想要插入中断点的导线上，单击插入中断点，此时光标仍处于插入中断点的状态，重复上述操作可以继续插入其他的中断点。如图 5-80 所示。中断点插入完毕，右键选择"取消操作"命令或按【Esc】键即可退出该操作。

图 5-80　插入中断点 2

2. 设置中断点的属性

在插入中断点的过程中，用户可以对中断点的属性进行设置。双击中断点或在插入中断点后，弹出如图 5-81 所示的中断点属性设置对话框，在该对话框中可以对中断点的属性进行设置，在"显示设备标识符"中输入中断点的编号，中断点名称可以是信号的名称，也可以自定义。

图 5-81　中断点属性设置对话框

3．中断点关联参考

同名的中断点在电气上是连接在一起的，它们之间互为关联参考，在中断点一侧显示中断点和关联参考之间的分隔符"/"和关联参考。

中断点的关联参考分为 3 种，即链式、星形及连续性。

- 链式关联就是根据中断点在图中的位置，先按照图纸次序，同一页中的从上到下、从左到右扫描配对。
- 星形关联参考：在星形关联参考中，中断点被视为出发点。具有相同名称的所有其他中断点参考该出发点。在出发点显示一个对其他中断点关联参考的可格式化列表，在此能确定应该显示多少并排或上下排列的关联参考。
- 连续性关联参考：在连续性关联参考中，始终是第一个中断点提示第二个，第三个提示第四个等，提示始终从页到页进行。

5.3.5　实例——局部电路插入线束

本节通过绘制自动化流水线电路局部电路练习如何插入线束连接点与中断点。

5.3.5　实例——
局部电路插入
线束

1．打开项目

选择菜单栏中的"项目"→"打开"命令，弹出如图 5-82 所示的对话框，选择项目文件的路径，打开项目文件"Auto Production Line.elk"，如图 5-83 所示。

图 5-82　选择项目文件

在"页"导航器中选择"=C01（冲床电路）+A1（冲床站电机）/1"原理图页，双击进入原理图编辑环境。

2．导线连接

选择菜单栏中的"插入"→"连接符号"→"角（左下）"命令，此时光标变成交叉形状并附加一个角符号。

将光标移动到热过载继电器 F1 的 1 连接点垂直连线位置上，出现红色的连接符号表示电气连接成功，单击鼠标左键确定导线的位置，完成电气连接。此时光标仍处于放置角连接的状态，重复上述操作可以继续连接 3、5 连接点。右键选择"取消操作"命令或按【Esc】键即可退出该操作，最终结果如图 5-84 所示。

图 5-83　打开项目文件

图 5-84　角连接

3. 绘制线束

1）选择菜单栏中的"插入"→"线束连接点"→"十字接头"命令，此时光标变成十字形状，光标上显示浮动的线束连接点十字接头符号。

2）将光标移动到 F1 元件连接点 3 垂直位置上，出现红色的符号，表示电气连接成功，如图 5-85 所示。单击插入线束十字接头后，此时光标仍处于插入线束十字接头的状态，右键选择"取消操作"命令或按【Esc】键即可退出该操作。

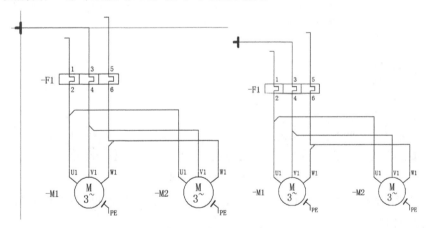

图 5-85　插入 T 节点

选择菜单栏中的"插入"→"线束连接点"→"角"命令，此时光标变成十字形状，光标上显示浮动的线束连接点角符号 。

3）将光标移动到 F1 元件连接点 5 垂直位置上，按【Tab】或【Ctrl】键，旋转线束连接点角符号，变换线束连接点角模式，如图 5-86 所示。

移动光标，出现红色的符号，表示电气连接成功，如图 5-87 所示。单击插入线束连接点角后，此时光标仍处于插入线束连接点角的状态，按【Tab】或【Ctrl】键，旋转线束连点角符号,重复上述操作可以继续在 F1 元件连接点 1 上插入线束连接点角,结果如图 5-88 所示。

图 5-86　旋转角　　　　　　　　　　　　图 5-87　放置角

4. 插入中断点

选择菜单栏中的"插入"→"连接符号"→"中断点"命令,此时光标变成交叉形状并附加一个中断点符号➡。

将光标移动到想要插入中断点的线束上,单击插入中断点,中断点插入完毕,此时光标仍处于插入中断点的状态,右键选择"取消操作"命令或按【Esc】键即可退出该操作,如图 5-89 所示。

图 5-88　放置结果　　　　　　　　　　　图 5-89　插入中断点

5.4　电缆连接

电缆是由许多电缆芯线组成,芯线是带有常规连接功能定义的连接。电缆是高度分散的设备,电缆由电缆定义线、屏蔽和芯线组成,具有相同的设备名称 DT。

5.4.1 电缆定义

在 EPLAN 中电缆通过电缆定义体现，也可通过电缆定义线或屏蔽对电缆进行图形显示，在生成的电缆总览表中可以看到该电缆对应的各个线号。电缆由外部绝缘和内部导体组成。电缆的功能是基于连接的。因为绘制时不会立即更新连接，也可在更新连接后生成和更新电缆。

1. 插入电缆

选择菜单栏中的"插入"→"电缆定义"命令，此时光标变成交叉形状并附加一个电缆符号 ⧲。

将光标移动到想要插入电缆的位置上，单击鼠标左键确定电缆第一点，移动光标，选择电缆的第二点，在原理图中单击鼠标左键确定插入电缆，如图 5-90 所示。此时光标仍处于插入电缆的状态，重复上述操作可以继续插入其他的电缆。电缆插入完毕，右键选择"取消操作"命令或按【Esc】键即可退出该操作。

图 5-90　插入电缆

2. 确定电缆方向

在光标处于放置电缆的状态时按【Tab】键，旋转电缆符号，变换电缆连接模式。

3. 设置电缆的属性

在插入电缆的过程中，用户可以对电缆的属性进行设置。双击电缆或在插入电缆后，弹出如图 5-91 所示的电缆属性设置对话框，在该对话框中可以对电缆的属性进行设置。

图 5-91　电缆属性设置对话框

● 在"显示设备标识符"中输入电缆的编号，电缆名称可以是信号的名称，也可以自定义。

- 在"类型"文本框中选择电缆的类型，单击按钮，弹出如图 5-92 所示的"部件选择"对话框，在该对话框中选择电缆的型号，完成选择后，单击"确定"按钮，关闭对话框，返回电缆属性设置对话框，显示选择类型后，根据类型自动更新类型对应的连接数，如图 5-93 所示。完成类型选择后的电缆显示结果如图 5-94 所示。

图 5-92　"部件选择"对话框

图 5-93　选择类型

图 5-94　完成设置电缆属性

● 打开"符号数据/功能数据"选项卡,如图 5-95 所示,显示电缆的符号数据,在"编号/名称"文本框中显示电缆符号编号,单击 ⊟ 按钮,弹出"符号选择"对话框,在符号库中重新选择电缆符号,如选择图 5-96 所示的电缆符号,单击"确定"按钮,返回电缆属性设置对话框。显示选择编号后的电缆,如图 5-97 所示。完成编号选择后的电缆显示结果如图 5-98 所示。

图 5-95 "符号数据/功能数据"选项卡

图 5-96 "符号选择"对话框

图 5-97　设置电缆编号

图 5-98　修改后的电缆

5.4.2　电缆默认参数

选择菜单栏中的"选项"→"设置"命令，系统将弹出"设置"对话框。

选择"项目"→"设备"→"电缆"选项，打开电缆设置界面，在该界面包括电缆长度、电缆和连接、默认电缆型号等，如图 5-99 所示。

图 5-99　电缆设置界面

单击"默认电缆"文本框后的 -- 按钮,弹出"部件选择"对话框,在符号库中重新选择电缆部件型号。

5.4.3 电缆连接定义

在 EPLAN 中放置电缆定义时候,电缆定义和自动连线相交处会自动生成电缆连接定义,如图 5-100 所示。

单个电缆连接可通过连接定义点或功能连接点逻辑中的电缆连接点属性来定义,双击原理图中的电缆连接,或在电缆连接上单击鼠标右键弹出快捷菜单,选择"属性"命令或将电缆连接放置到原理图中后,自动弹出属性对话框,如图 5-101 所示。

图 5-100 生成电缆连接定义   图 5-101 电缆连接属性设置对话框

5.4.4 电缆导航器

选择菜单栏中的"项目数据"→"电缆"→"导航器"命令,打开"电缆"导航器,如图 5-102 所示,显示电缆定义与该电缆连接的导线及元件。

5.4.5 电缆选型

电缆选型分为自动选型和手动选型两种。

1. 自动选型

双击电缆或在插入电缆后,弹出电缆属性设置对话框,打开"部件"选项卡,单击

"设备选择"按钮,弹出"设备选择"对话框,在该对话框中选择主部件电缆编号,如图 5-103 所示。单击"确定"按钮,选择满足条件的电缆编号后,再次单击"确定"按钮,显示电缆选型结果,3 根芯线被正确地分配到 3 个连接上,显示电缆连接点,如图 5-104 所示。

图 5-102 "电缆"导航器

图 5-103 "设备选择"对话框

图 5-104 显示电缆连接点

2. 手动选型

打开"部件"选项卡,在"部件编号"下单击按钮,弹出"部件选择"对话框,EPLAN 会根据电缆芯的个数,以及电缆的电位等信息,将部件库中的符合条件的电缆筛选出来,如图 5-105 所示。选择满足条件的电缆后,单击"确定"按钮,显示选中的部件,如图 5-106 所示。

图 5-105 "部件选择"对话框

图 5-106 "部件"选项卡

通过电缆设备选择，可以发现，系统并没有将电缆的 3 个芯线正确地指派到 3 个连接上，如图 5-107 所示。手动对电缆选型后还需要进行编辑和调整才能正确地分配电缆芯线。

图 5-107　手动选型结果

5.4.6　屏蔽电缆

在电气工程设计中，设置屏蔽电缆是为减少外电磁场对电源或通信线路的影响。屏蔽电缆的屏蔽层需要接地，外来的干扰信号可被该层导入大地。

1. 插入屏蔽电缆

选择菜单栏中的"插入"→"屏蔽"命令，此时光标变成交叉形状并附加一个屏蔽符号 ⊕。

将光标移动到想要插入屏蔽电缆的位置上，单击鼠标左键确定屏蔽第一点，移动光标，选择屏蔽的第二点，在原理图中单击鼠标左键确定插入屏蔽，如图 5-108 所示。此时光标仍处于插入屏蔽的状态，重复上述操作可以继续插入其他的屏蔽。屏蔽插入完毕，右键选择"取消操作"命令或按【Esc】键即可退出该操作。

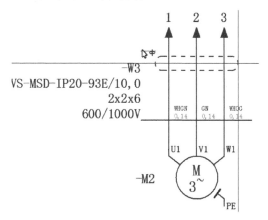

图 5-108　插入屏蔽电缆

在图纸中绘制屏蔽的时候，需要从右往左放置，屏蔽符号本身带有一个连接点，具有连接属性。

2. 设置屏蔽电缆的属性

双击屏蔽电缆，弹出如图 5-109 所示的屏蔽电缆属性设置对话框，在该对话框中可以对屏蔽电缆的属性进行设置。

图 5-109　屏蔽电缆属性设置对话框

在"显示设备标识符"中输入屏蔽电缆的编号，根据选择的电缆自动更新设备标识符。
打开"符号数据/功能数据"选项卡，显示屏蔽电缆的符号数据，如图 5-110 所示。

图 5-110　"符号数据/功能数据"选项卡

完成屏蔽电缆选择后，屏蔽层需要接地，可以通过连接符号来生成自动连线，结果如图 5-111 所示。

图 5-111　添加屏蔽

5.5　电位

电位是指在特定时间内的电压水平，信号通过连接在不同的原理图间传输。电位表示从源设备出发，通过传输设备，终止于耗电设备的整个回路，传输设备两端电位相同；信号表示非连接元件之间的所有回路。

5.5.1　电位跟踪

电位在原理图中还有一个重要的作用——电位跟踪，电位跟踪能够看到电位的传递情况，便于发现电路连接中存在的问题。很多设备都能够传递电位，比如端子、开关按钮、断路器、接触器、继电器等。电位终止于用电设备，比如指示灯、电机、接触器、继电器、线圈等。

选择菜单栏中的"视图"→"电位跟踪"命令，此时光标变成交叉形状并附加一个电位跟踪符号 ⛛。

将光标移动到想要插入电位连接点的元件的水平或垂直位置上，电位连接点与元件间显示自动连接，单击导线上某处，与该点等电位连接均呈现"高亮"状态，如图 5-112 所示，右键选择"取消操作"命令或按【Esc】键即可退出该操作。图中高亮显示的小段黄色线是因为等电位的显示问题，不影响电路原理的正确性。

图 5-112　等电位显示

5.5.2　电位连接点

电位连接点用于定义电位，可以为其设定电位类型（L、N、PE、+、-等）。其外形看起来像端子，但它不是真实的设备。

电位连接点通常可以代表某一路电源的源头，系统所有的电源都是从这一点开始。添加电位的目的主要是在图纸中分清不同的电位，常用的电位有：

● L1\L2\L3　　黑色

- N　　　　　淡蓝
- PE　　　　绿色
- 24V+　　　蓝色
- M　　　　　淡蓝

其中，L 表示交流电，一般电路中显示 L1、L2、L3，表示使用的是三相交流电源；+-表示的是直流的正负；M 表示公共端；PE 表示接地保护线；N 表示中性线（零线）。

1. 插入电位连接点

选择菜单栏中的"插入"→"电位连接点"命令，或单击"插入"选项卡的"电缆/导线"面板中的"电位连接点"按钮，此时光标变成交叉形状并附加一个电位连接点符号。

将光标移动到想要插入电位连接点的元件的水平或垂直位置上，电位连接点与元件间显示自动连接，单击插入电位连接点，此时光标仍处于插入电位连接点的状态，重复上述操作可以继续插入其他的电位连

图 5-113　插入电位连接点

接点，如图 5-113 所示。电位连接点插入完毕，右键选择"取消操作"命令或按【Esc】键即可退出该操作。

2. 设置电位连接点的属性

在插入电位连接点的过程中，用户可以对电位连接点的属性进行设置。双击电位连接点或在插入电位连接点后，弹出如图 5-114 所示的电位连接点属性设置对话框，在该对话框中可以对电位连接点的属性进行设置，在"显示设备标识符"中输入电位连接点的编号，电位连接点名称可以是信号的名称，也可以自定义。

图 5-114　电位连接点属性设置对话框

在光标处于放置电位连接点的状态时按【Tab】键，旋转电位连接点连接符号，变换电位连接点连接模式，切换变量，也可在属性设置对话框中切换变量，如图 5-115 所示。

图 5-115 切换变量

3. 电位导航器

使用"电位连接点"导航器可以快速编辑电位连接。

选择菜单栏中的"项目数据"→"连接"→"电位导航器"命令，打开"电位"导航器，如图 5-116 所示，显示元件下的电位及其连接信息。

图 5-116 "电位"导航器

在选中的导线上单击鼠标右键，选择"属性"命令，弹出"属性（元件）：电位连接点"对话框，在"电位名称"中输入电位定义点的电位名称。

5.5.3 电位定义点

电位定义点与电位连接点功能不完全相同，也不代表真实的设备，但是与电位连接点不同的是，它的外形与连接定义点类似，不是放在电源起始位置。电位定义点一般位于变压器、整流器与开关电源输出侧，因为这些设备改变了回路的电位值。

1．插入电位定义点

选择菜单栏中的"插入"→"电位定义点"命令，或单击"插入"选项卡的"电缆/导线"面板中的"电位定义点"按钮，此时光标变成交叉形状并附加一个电位定义点符号。

将光标移动到想要插入电位定义点的导线上，单击插入电位定义点，如图5-117所示，此时光标仍处于插入电位定义点的状态，重复上述操作可以继续插入其他的电位定义点。电位定义点插入完毕，右键选择"取消操作"命令或按【Esc】键即可退出该操作。

图5-117　插入电位定义点

2．设置电位定义点的属性

在插入电位定义点的过程中，用户可以对电位定义点的属性进行设置。双击电位定义点或在插入电位定义点后，弹出如图5-118所示的电位定义点属性设置对话框，在该对话框中可以对电位定义点的属性进行设置，在"电位名称"栏输入电位定义点名称，可以是信号的名称，也可以自定义。

图5-118　电位定义点属性设置对话框

　　自动连接的导线颜色都是来源于层，基本上是红色，在导线上插入"电位定义点"，为区分不同电位，修改电位定义点颜色，从而改变插入电位定义点的导线的颜色。打开"连接图形"选项卡，单击颜色块，选择导线颜色，如图 5-119 所示。

　　设置电位定义点图形颜色后，原理图中的导线不自动更新信息，导线依旧显示默认的红色。选择菜单栏中的"项目数据"→"连接"→"更新"命令，导线更新信息，完成颜色修改，如图 5-120 所示。

图 5-119　选择颜色

图 5-120　修改导线颜色

　　如果为电位设置了显示颜色，则整个项目中等电位的连接都会以相同的颜色显示出来。最常见的情况就是为 PE 电位连接点设置绿色虚线显示。

5.5.4　电位导航器

　　在原理图绘制初始一般会用到电位连接点或电位定义点来定义电位。除了定义电位，还可以使用它的其他一些属性和功能，在"电位"导航器中可以快速查看系统中的电位连接点与电位定义点。比如给每个电位定义颜色，可以很容易在原理图中看出每条线的电位类型，在放置连接代号时也能够清楚地知道导线应该使用什么颜色。

　　选择菜单栏中的"项目数据"→"连接"→"电位导航器"命令，系统打开"电位"导航器，如图 5-121 所示，在树形结构中显示所有项目下的电位。

图 5-121　"电位"导航器

5.5.5　网络定义点

　　元件之间的连接被称为一个网络。在原理图设计时，对于多个继电器的公共端短接在一起，门上的按钮/指示灯公共端接在一起的情况，通过插入网络定义点，可以定义整个网络的接线的源和目标，而无须考虑"连接符号"的方向，比"指向目标的连接"表达更简洁和清楚。

1. 插入网络定义点

选择菜单栏中的"插入"→"网络定义点"命令，此时光标变成交叉形状并附加一个网络定义点符号 人。

将光标移动到想要插入网络定义点的导线上，单击插入网络定义点，如图5-122所示，此时光标仍处于插入网络定义点的状态，重复上述操作可以继续插入其他的网络定义点。网络定义点插入完毕，按右键选择"取消操作"命令或按【Esc】键即可退出该操作。

图5-122　插入网络定义点

2. 设置网络定义点的属性

在插入网络定义点的过程中，用户可以对网络定义点的属性进行设置。双击网络定义点或在插入网络定义点后，弹出如图5-123所示的网络定义点属性设置对话框，在该对话框中可以对网络定义点的属性进行设置，在"电位名称"中输入网络放置位置的电位，在"网络名称"中输入网络名，网络名可以是信号的名称，也可以自定义。

图5-123　网络定义点属性设置对话框

3．确定网络定义点方向

在光标处于放置网络定义点的状态时按【Tab】键，旋转网络定义点符号，网络定义点的图标为一个颠倒的三角形。

5.6　操作实例——自动化流水线电路主电路

自动化流水线是一个统称，主要通过自动化系统来操作运行，不需要人工操作。

1．打开项目

选择菜单栏中的"项目"→"打开"命令，弹出如图 5-124 所示的对话框，选择项目文件的路径，打开项目文件"Auto Production Line.elk"，如图 5-125 所示。

图 5-124　选择项目文件

图 5-125　打开项目文件

在"页"导航器中选择"=Z01（主电路）+A1/1"原理图页，双击进入原理图编辑环境。

2．绘制热床电路

（1）插入插针元件

选择菜单栏中的"插入"→"符号"命令，弹出如图 5-126 所示的"符号选择"对话框，选择插针元件"XBS"，单击"确定"按钮，原理图中在光标上显示浮动的元件符号，单击鼠标左键，放置元件，自动弹出"属性（元件）：插针"对话框，默认插针设备标识符为 X1，名称为 1，如图 5-127 所示。单击"确定"按钮，关闭对话框，在原理图中放置插针元件 X1 的连接点 1。

图 5-126 "符号选择"对话框

此时鼠标仍处于放置元件符号的状态，继续在原理图单击鼠标左键放置插针元件 X1，自动弹出"属性（元件）：插针"对话框，此时插针设备标识符为空，名称递增为 2。单击"确定"按钮，关闭对话框，放置插针元件 X1 的连接点 2，重复上面操作可以放置插针元件 X1 的连接点 3、4，如图 5-128 所示。

重复上面操作放置插针元件 X2 的连接点 1、2、3、4，右键选择"取消操作"命令或按【Esc】键即可退出该操作。同时，插针元件 X1、X2 自动连接，如图 5-129 所示。

图 5-127　"属性（元件）：插针"对话框

图 5-128　放置插针元件 X1

图 5-129　放置插针元件 X1、X2

（2）插入安全开关元件

选择菜单栏中的"插入"→"符号"命令，弹出如图 5-130 所示的"符号选择"对话框，在导航器树形结构选中"GB_symbol"→"电气工程"→"安全设备"→"安全开关"→"安全开关，4 连接点"→"QLS2_2"元件，将安全开关 Q1、Q2 插入原理图中，如图 5-131 所示。

图 5-130 选择安全开关符号

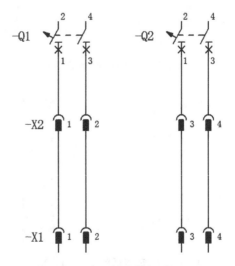

图 5-131 插入安全开关

（3）插入端子符号

选择菜单栏中的"插入"→"符号"命令，弹出如图 5-132 所示的"符号选择"对话框，在导航器树形结构选中两侧端子元件，将端子 A2、B2 插入原理图中，如图 5-133 所示。

图 5-132　"符号选择"对话框

图 5-133　插入端子符号

图 5-134　"插入模式"对话框

选中 Q1 上方的端子 A2、B2，选择菜单栏中的"编辑"→"复制"命令，复制端子元件 A2、B2，选择菜单栏中的"编辑"→"粘贴"命令，粘贴 A2、B2 到 Q2 上方，弹出"插入模式"对话框，选择"不更改"选项，如图 5-134 所示，粘贴结果如图 5-135 所示。

（4）插入中断点

选择菜单栏中的"插入"→"连接符号"→"中断点"命令，此时光标变成交叉形状并附加一个中断点符号━►，将光标移动到 X1 下方，按【Tab】键，旋转中断点，单击插入中断点，在弹出的属性对话框中输入设备标识符 A1，此时光标仍处于插入中断点的状态，重复上述操作可以继续插入其他的中断点 B1、A11、N11，如图 5-136 所示。中断点插入完毕，右键选择"取消操作"命令或按【Esc】键即可退出该操作。

图 5-135 粘贴端子

图 5-136 插入中断点

5.6 操作实例——自动化流水线电路主电路 1-3. 复制热床 2 站

3. 复制热床 2 站

选中所有电路，选择菜单栏中的"编辑"→"复制"命令，复制热床 1 站电路，选择菜单栏中的"编辑"→"粘贴"命令，粘贴热床 2 站电路，弹出"插入模式"对话框，选择"编号"选项，修改粘贴后电路编号，结果如图 5-137 所示。

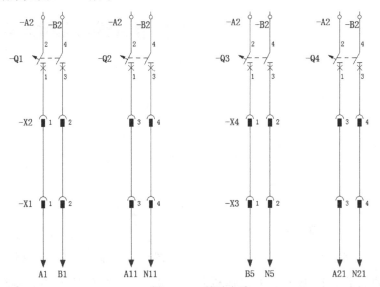

图 5-137 粘贴电路

4. 绘制冲床电路

选中部分电路，选择菜单栏中的"编辑"→"复制"命令，复制热床 1 站电路，选择菜单栏中的"编辑"→"粘贴"命令，粘贴冲床站电路，弹出"插入模式"对话框，选择"编号"选项，修改粘贴后电路及编号，结果如图 5-138 所示。

5. 绘制连接电路

（1）插入安全开关元件

选择菜单栏中的"插入"→"符号"命令，弹出"符号选择"对话

5.6 操作实例——自动化流水线电路主电路 4-5. 绘制连接电路

框，在导航器树形结构选中"GB_symbol"→"电气工程"→"安全设备"→"安全开关"→"安全开关，4 连接点"→"QLS2_2"元件，将安全开关 Q6、Q7 插入原理图中，如图 5-139 所示。

图 5-138　冲床电路

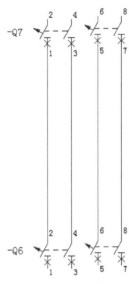

图 5-139　插入安全开关

（2）插入插座元件

选择菜单栏中的"插入"→"符号"命令，弹出如图 5-140 所示的"符号选择"对话框，在图形预览中选择插座符号，将安全开关 X5 插入原理图中，如图 5-141 所示。

图 5-140　"符号选择"对话框

图 5-141　插入安全开关

（3）添加连接节点

选择菜单栏中的"插入"→"连接符号"→"角（右下）"命令，如图 5-142 所示，右键选择"取消操作"命令或按【Esc】键即可退出该操作。

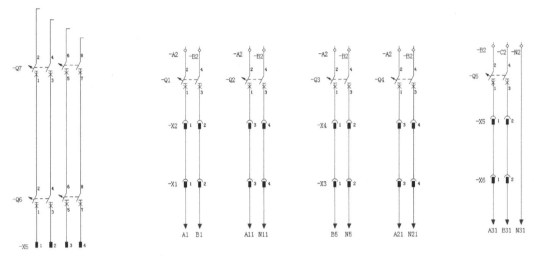

图 5-142　角连接

（4）插入端子符号

选择菜单栏中的"插入"→"符号"命令，弹出"符号选择"对话框，在导航器树形结构选中两侧端子元件，将端子 A2、B2、C2、N2 插入原理图中，如图 5-143 所示。

图 5-143　插入端子符号

（5）插入中断点

选择菜单栏中的"插入"→"连接符号"→"中断点"命令，此时光标变成交叉形状并附加一个中断点符号➡，按【Tab】键，旋转中断点，单击插入中断点，在弹出的属性对话框中输入设备标识符 A2、B2、C2、N2，如图 5-144 所示。中断点插入完毕，右键选择"取消操作"命令或按【Esc】键即可退出该操作。

图 5-144　插入中断点

选择菜单栏中的"插入"→"连接分线器/线束分线器"→"连接分线器"命令，此时光标变成交叉形状并附加一个连接分线器符号━◆━，单击插入连接点，在弹出的属性对话框中输入设备标识符为空，如图 5-145 所示。连接点插入完毕，如图 5-146 所示，右键选择"取消操作"命令或按【Esc】键即可退出该操作。

图 5-145　属性设置对话框

图 5-146　插入连接点

（6）插入跳线

选择菜单栏中的"插入"→"连接符号"→"跳线"命令，此时光标仍处于放置跳线的状态，重复上述操作可以继续连接其他跳线。右键选择"取消操作"命令或按【Esc】键即可退出该操作，最终结果如图 5-147 所示。

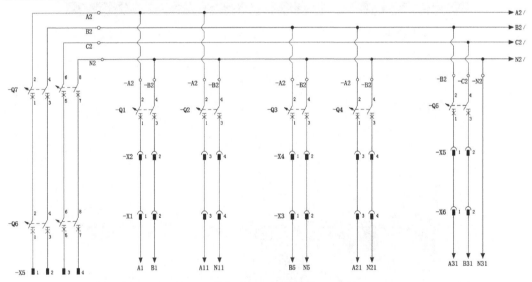

图 5-147　放置跳线

第6章　图形符号的绘制

素养目标

➢ 具体问题具体分析，根据实际需要制定精准的方案

➢ 充分发挥创造力，主动拓宽自己的视野，避免思维局限性

技能目标

➢ 学会各种基本图形的绘制方法

➢ 掌握注释工具的使用方法

➢ 掌握图形编辑命令的使用方法

项目导读

图形符号有两种用途，在原理图中起到说明和修饰的作用，不具有任何电气意义；在原理图库中，用于元件的外形绘制，可以提供更丰富的元件封装库资源。本章详细讲解常用的绘图工具和命令，从而更好地为原理图设计与原理图库设计服务。

6.1　使用图形工具绘图

在 EPLAN 中，"插入"菜单下"图形"命令子菜单中的各项命令，如图 6-1 所示。

图 6-1　图形工具命令

6.1.1 绘制直线

在原理图中,直线可以用来绘制一些注释性的图形,如表格、箭头、虚线等,或者在编辑元件时绘制元件的外形。直线在功能上完全不同于前面所介绍的连接导线,它不具有电气连接特性,不会影响到电路的电气结构。

1. 直线的绘制步骤

1)选择菜单栏中的"插入"→"图形"→"直线"命令,这时光标变成十字形状并附带直线符号 。

2)移动光标到需要放置直线的位置处,显示光标随移动变化坐标的坐标信息。单击鼠标左键确定直线的起点,单击确定终点,一条直线绘制完毕,如图 6-2 所示。

图 6-2   直线绘制

3)此时鼠标仍处于绘制直线的状态,重复步骤 2)的操作即可绘制其他的直线,按下【Esc】键便可退出操作。

2. 编辑直线

1)在直线绘制过程中,打开提示框绘制更方便,激活提示框命令,在提示框下显示可直接输入下一点坐标值,如图 6-3 所示。

图 6-3   在提示框输入坐标

提示:

利用其他工具进行图形绘制时,同样可使用提示框,提高绘图效率。

2)直线也可用垂线或切线绘制。在直线绘制过程中,单击鼠标右键,弹出快捷菜单,如图 6-4 所示。

- 激活直线命令,光标变成十字形状并附带直线符号 ,单击鼠标右键,选择"垂线"命令,光标附带垂线符号 ,选中垂足,单击鼠标左键,放置垂线,如图 6-5 所示。
- 激活直线命令,光标变成十字形状并附带直线符号 ,单击鼠标右键,选择"切线的"命令,光标附带切线符号 ,选中切点,单击鼠标左键,放置切线,如图 6-6 所示。

3. 设置直线属性

双击直线,系统将弹出相应的直线属性编辑对话框,"属性(直线)"对话框如图 6-7 所示。

图 6-4   快捷菜单

图 6-5　绘制垂线　　　　　　　　　图 6-6　绘制切线

图 6-7　直线的属性对话框

在该对话框中可以对坐标、线宽、类型和直线的颜色等属性进行设置。

（1）"直线"选项组

在该选项组下输入直线的起点、终点的 X 坐标和 Y 坐标。在
"起点"选项下勾选"箭头显示"复选框，直线的起点显示箭头，如
图 6-8 所示。

直线的表示方法可以是（X,Y），也可以是（A<L），其中，A 是
直线角度，L 是直线长度。因此直线的显示属性下还包括"角度"与
"长度"选项。

图 6-8　起点显示箭头

（2）"格式"选项组

线宽：用于设置直线的线宽。下拉列表中显示固定值，包括 0.05mm、0.13mm、
0.18mm、0.20mm、0.25mm、0.35mm、0.40mm、0.50mm、0.70mm、1.00mm、2.00mm 这 11
种线宽供用户选择。

● 颜色：单击该颜色显示框，用于设置直线的颜色。

● 隐藏：控制直线的隐藏与否。

● 线型：用于设置直线的线型。

- 式样长度：用于设置直线的式样长度。
- 线端样式：用于设置直线截止端的样式。
- 层：用于设置直线所在层。
- 悬垂：勾选该复选框，自动从线宽中计算悬垂。

6.1.2 绘制折线

直线为单条直线，折线为多条直线组成的几何图形。

1. 折线的绘制步骤

1）选择菜单栏中的"插入"→"图形"→"折线"命令，这时光标变成十字形状并附带折线符号 。

2）移动光标到需要放置折线的起点处，确定折线的起点，多次单击确定多个固定点，单击空格键或选择右键命令"封闭折线"，确定终点，一条折线绘制完毕，退出当前折线的绘制，如图 6-9 所示。

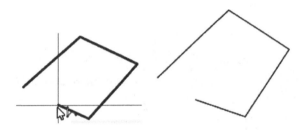

图 6-9　折线绘制

3）此时鼠标仍处于绘制折线的状态，重复步骤 2）的操作即可绘制其他的折线，按下【Esc】键便可退出操作。

2. 编辑折线

1）在折线绘制过程中，如果绘制多边形，则自动在第一个点和最后一个点之间绘制连接，如图 6-10 所示。

图 6-10　折线绘制多边形

2）折线也可用垂线或切线绘制。在折线绘制过程中，单击鼠标右键，选择"垂线"命令或"切线的"命令，放置垂线或切线。

3）编辑折线结构段。选中要编辑的折线，此时，线高亮显示，同时在折线的结构段的角点和中心上显示小方块，如图 6-11 所示。通过单击鼠标左键将其角点或中心拉到另一个位置。将折线进行变形或增加结构段数量，如图 6-12 和图 6-13 所示。

图 6-11　选中折线　　　　　　　　　　　图 6-12　拉伸折线端点

图 6-13　拉伸折线中点

3．设置折线属性

双击折线，系统将弹出相应的折线属性编辑对话框，"属性（折线）"对话框如图 6-14 所示。

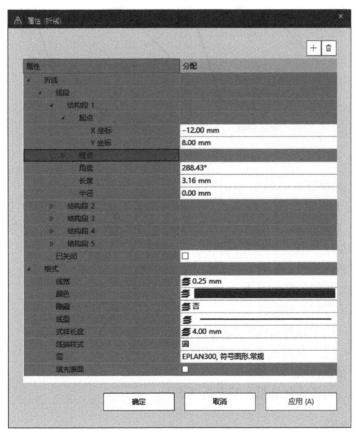

图 6-14　折线的属性对话框

在该对话框中可以对坐标、线宽、类型和折线的颜色等属性进行设置。

（1）"折线"选项组

折线是由一个个结构段组成，在该选项组下输入折线结构段的起点、终点的 X 坐标和 Y 坐标，以及角度、长度和半径。

- 在结构段 1 中"半径"文本框输入 10mm，结构段 1 显示半径为 10 的圆弧，如图 6-15 所示。同样地，任何一段结构段均可以设置半径，转换为圆弧。

直线段 圆弧段

图 6-15 显示圆弧

- 勾选"已关闭"复选框，自动连接折线的起点、终点，闭合几何体，如图 6-16 所示。

不闭合图形 闭合图形

图 6-16 闭合图形

（2）"格式"选项组

- 线宽：用于设置折线的线宽。下拉列表中显示固定值，包括 0.05mm、0.13mm、0.18mm、0.20mm、0.25mm、0.35mm、0.40mm、0.50mm、0.70mm、1.00mm、2.00mm 这 11 种线宽供用户选择。
- 颜色：单击该颜色显示框，用于设置折线的颜色。
- 隐藏：控制折线的隐藏与否。
- 线型：用于设置折线的线型。
- 式样长度：用于设置折线的式样长度。
- 线端样式：用于设置折线截止端的样式。
- 层：用于设置折线所在层。
- 填充表面：勾选该复选框，填充折线表面。

6.1.3 绘制多边形

由三条或三条以上的线段首尾顺次连接所组成的平面图形称为多边形。在 EPLAN 中，折线绘制的闭合图形是多边形。

1. 多边形的绘制步骤

1）选择菜单栏中的"插入"→"图形"→"多边形"命令，这时光标变成十字形状并附带多边形符号⬠。

2）移动光标到需要放置"多边形"的起点处，单击确定多边形的起点，多次单击确定多个固定点，单击空格键或选择右键命令"封闭折线"，确定终点，多边形绘制完毕，退出当前多边形的绘制，如图 6-17 所示。

确定第一点　　确定第二点　　确定第三点

确定第四点　　确定第五点

图 6-17　多边形绘制

3）此时鼠标仍处于绘制多边形的状态，重复步骤 2）的操作即可绘制其他的多边形，按下【Esc】键便可退出操作。

4）多边形也可用垂线或切线绘制。在多边形绘制过程中，单击鼠标右键，选择"垂线"命令或"切线的"命令，放置垂线或切线。

2. 编辑多边形结构段

选中要编辑的多边形，此时，多边形高亮显示，同时在多边形的结构段的角点和中心上显示小方块，如图 6-18 所示。通过单击鼠标左键将其角点或中心拉到另一个位置，将多边形进行变形或增加结构段数量。

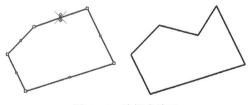

图 6-18　编辑多边形

3. 设置多边形属性

1）双击多边形，系统将弹出相应的多边形属性编辑对话框，"属性（折线）"对话框如

图 6-19 所示。

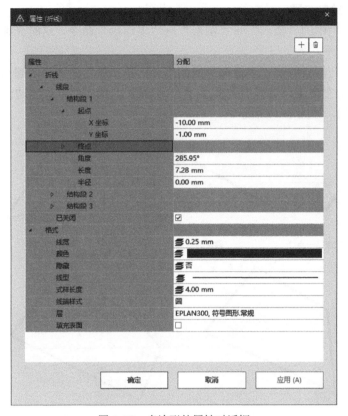

图 6-19 多边形的属性对话框

在该对话框中可以对坐标、线宽、类型和多边形的颜色等属性进行设置。

2）"多边形"选项组。多边形是由一个个结构段组成，在该选项组下输入多边形结构段的起点、终点的 X 坐标和 Y 坐标，以及角度、长度和半径。

多边形默认勾选"已关闭"复选框，取消该复选框的勾选，自动断开多边形的起点、终点，如图 6-20 所示。

多边形　　　　　　　　　　　　不闭合图形

图 6-20　不闭合多边形

设置多边形"格式"选项属性与折线属性相同，这里不再赘述。

6.1.4　绘制长方形

长方形是特殊的多边形，长方形分为两种绘制方法。

1．长方形的绘制步骤

（1）通过起点和终点定义长方形

1）选择菜单栏中的"插入"→"图形"→"长方形"命令，这时光标变成十字形状并附带长方形符号□。

2）移动光标到需要放置长方形的起点处，单击确定长方形的角点，再次单击确定另一个角点，单击右键选择"取消操作"命令或按【Esc】键，长方形绘制完毕，退出当前长方形的绘制，如图6-21所示。

（2）通过中心和角点定义长方形

1）单击"插入"选项卡的"图形"面板中的"图库图形"按钮，在弹出"图形"的面板"直线"栏中选择"长方形通过中心"按钮，这时光标变成十字形状并附带长方形符号。

2）移动光标到需要放置"长方形"的起点处，单击确定长方形的中心点，再次单击确定角点，单击右键选择"取消操作"命令或按【Esc】键，长方形绘制完毕，退出当前长方形的绘制，如图6-22所示。

图 6-21　长方形绘制 1

图 6-22　长方形绘制 2

3）此时鼠标仍处于绘制长方形的状态，重复步骤 2）的操作即可绘制其他的长方形，按下【Esc】键便可退出操作。

2．编辑长方形

选中要编辑的长方形，此时，长方形高亮显示，同时在长方形的角点和中心上显示小方块，如图 6-23 所示。通过单击鼠标左键将其角点或中心拉到另一个位置，将长方形进行变形。

选择编辑点　　　　　　　拖动　　　　　　　编辑结果

图 6-23　编辑长方形

3．设置长方形属性

双击长方形，系统将弹出相应的长方形属性编辑对话框，"属性（长方形）"对话框如图 6-24 所示。

在该对话框中可以对坐标、线宽、类型和长方形的颜色等属性进行设置。

（1）"长方形"选项组

在该选项组下输入长方形的起点、终点的 X 坐标和 Y 坐标，以及宽度、高度和角度。

图 6-24 长方形的属性对话框

（2）"格式"选项组

勾选"填充表面"复选框，填充长方形，如图 6-25 所示。

填充前   填充后

图 6-25 填充长方形

勾选"倒圆角"复选框，对长方形倒圆角，在"半径"文本框中显示圆角半径，圆角半径根据矩形尺寸自动设置，如图 6-26 所示。

倒圆角前   倒圆角后

图 6-26 长方形倒圆角

长方形其余设置属性与折线属性相同，这里不再赘述。

6.1.5 绘制圆

圆是圆弧的一种特殊形式。

1. 圆的绘制步骤

（1）通过圆形和半径定义圆

1）选择菜单栏中的"插入"→"图形"→"圆"命令，这时光标变成十字形状并附带圆符号⊕。

2）移动光标到需要放置圆的位置处，单击鼠标左键第 1 次确定圆的中心，第 2 次确定圆的半径，从而完成圆的绘制。单击右键选择"取消操作"命令或按【Esc】键，圆绘制完毕，退出当前圆的绘制，如图 6-27 所示。

图 6-27　圆绘制 1

（2）通过三点定义圆

1）选择菜单栏中的"插入"→"图形"→"圆通过三点"命令，这时光标变成十字形状并附带圆符号○。

2）移动光标到需要放置圆的位置处，单击鼠标左键第 1 次确定圆的第一点，第 2 次确定圆的第二点，第 3 次确定圆的第三点，从而完成圆的绘制。单击右键选择"取消操作"命令或按【Esc】键，圆绘制完毕，退出当前圆的绘制，如图 6-28 所示。

图 6-28　圆绘制 2

3）此时鼠标仍处于绘制圆的状态，重复步骤 2）的操作即可绘制其他的圆，按下【Esc】键便可退出操作。

4）圆也可用切线圆绘制。在圆绘制过程中，单击鼠标右键，选择"切线的"命令，绘制切线圆，如图 6-29 所示。

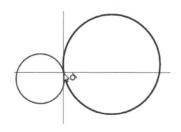

图 6-29　绘制切线圆

2. 编辑圆

选中要编辑的圆，此时，圆高亮显示，同时在圆的象限点上显示小方块，如图 6-30 所示。通过单击鼠标左键将其象限点拉到另一个位置，将圆进行变形。

图 6-30　编辑圆

3. 设置圆属性

双击圆，系统将弹出相应的圆属性编辑对话框，"属性（弧/扇形/圆）"对话框如图 6-31 所示。

图 6-31　圆的属性对话框

在该对话框中可以对坐标、线宽、类型和圆的颜色等属性进行设置。

（1）"弧/扇形/圆"选项组

在该选项组下输入圆的中心的 X 坐标和 Y 坐标，以及起始角、终止角、半径。

● 起始角与终止角可选择 0°、45°、90°、135°、180°、−45°、−90°、−135°，起始角与终止角的差值为 360°的情况绘制的图形为圆，设置起始角与终止角分别为 0°、90°，显示如图 6-32 所示的圆弧。

● 勾选"扇形"复选框，封闭圆弧，显示扇形，如图 6-33 所示。

图 6-32　圆弧　　　　　　　　　　　　　　　　　图 6-33　绘制扇形

（2）"格式"选项组

勾选"已填满"复选框，填充圆，如图 6-34 所示。

填充前　　　　　填充后

图 6-34　填充圆

圆其余设置属性与折线属性相同，这里不再赘述。

6.1.6　绘制圆弧

圆上任意两点间的部分称为弧。

1. 圆弧的绘制步骤

（1）通过中心点定义圆弧

1）选择菜单栏中的"插入"→"图形"→"圆弧通过中心点"命令，这时光标变成十字形状并附带圆弧符号🕭。

2）移动光标到需要放置圆弧的位置处，单击鼠标左键第 1 次确定弧的中心，第 2 次确定圆弧的半径，第 3 次确定圆弧的起点，第 4 次确定圆弧的终点，从而完成圆弧的绘制。单击右键选择"取消操作"命令或按【Esc】键，圆弧绘制完毕，退出当前圆弧的绘制，如图 6-35 所示。

确定圆心　　　　确定半径　　　　　确定起点

确定终点　　　　　　绘制结果

图 6-35　圆弧绘制 1

（2）通过三点定义圆弧

1）选择菜单栏中的"插入"→"图形"→"圆弧通过三点"命令，这时光标变成十字形状并附带圆弧符号🕭。

2）移动光标到需要放置圆弧的位置处，单击鼠标左键第 1 次确定圆弧的第一点，第 2

次确定圆弧的第二点，第 3 次确定圆弧的半径，从而完成圆弧的绘制。单击右键选择"取消操作"命令或按【Esc】键，圆弧绘制完毕，退出当前圆弧的绘制，如图 6-36 所示。

确定起点　　　　　　　　确定终点　　　　　　　　确定半径

图 6-36　圆弧绘制 2

3）此时鼠标仍处于绘制圆弧的状态，重复步骤 2）的操作即可绘制其他的圆弧，按下【Esc】键便可退出操作。

4）圆弧也可用切线圆弧绘制。在圆弧绘制过程中，单击鼠标右键，选择"切线的"命令，绘制切线圆弧。

2．编辑圆弧

选中要编辑的圆弧，此时，圆弧高亮显示，同时在圆弧的端点和中心点上显示小方块，如图 6-37 所示。通过单击鼠标左键将其端点和中心点拉到另一个位置，将圆弧进行变形。

拖动端点　　　　　　　　拖动中心

图 6-37　编辑圆弧

圆弧属性设置与圆属性相同，这里不再赘述。

6.1.7　绘制扇形

1．扇形的绘制步骤

1）选择菜单栏中的"插入"→"图形"→"扇形"命令，这时光标变成十字形状并附带扇形符号 。

2）移动光标到需要放置扇形的位置处，单击鼠标左键第 1 次确定弧的中心，第 2 次确定扇形的半径，第 3 次确定扇形的起点，第 4 次确定扇形的终点，从而完成扇形的绘制。单击右键选择"取消操作"命令或按【Esc】键，扇形绘制完毕，退出当前扇形的绘制，如图 6-38 所示。

3）此时鼠标仍处于绘制扇形的状态，重复步骤 2）的操作即可绘制其他的扇形，按下【Esc】键便可退出操作。

2．编辑扇形

选中要编辑的扇形，此时，扇形高亮显示，同时在扇形的端点和中心点上显示小方块，如图 6-39 所示。通过单击鼠标左键将其端点和中心点拉到另一个位置，将扇形进行变形。

图 6-38　扇形绘制

图 6-39　编辑扇形

扇形属性设置与圆属性相同，这里不再赘述。

6.1.8　绘制椭圆

1. 椭圆的绘制步骤

1）选择菜单栏中的"插入"→"图形"→"椭圆"命令，这时光标变成十字形状并附带椭圆符号○。

2）移动光标到需要放置椭圆的位置处，单击鼠标左键第 1 次确定椭圆的中心，第 2 次确定椭圆长轴和短轴的长度，从而完成椭圆的绘制。单击右键选择"取消操作"命令或按【Esc】键，椭圆绘制完毕，退出当前椭圆的绘制，如图 6-40 所示。

3）此时鼠标仍处于绘制椭圆的状态，重复步骤 2）的操作即可绘制其他的椭圆，按下【Esc】键便可退出操作。

确定中心　　　　　　确定长轴和短轴的长度　　　　　　　绘制结果

图 6-40　椭圆绘制

2．编辑椭圆

选中要编辑的椭圆，此时，椭圆高亮显示，同时在椭圆的象限点上显示小方块，如图 6-41 所示。通过单击鼠标左键将其长轴和短轴的象限点拉到另一个位置，将椭圆进行变形。

选择长轴象限点　　　　　　选择短轴象限点

图 6-41　编辑椭圆

3．设置椭圆属性

双击椭圆，系统将弹出相应的椭圆属性编辑对话框，"属性（椭圆）"对话框如图 6-42 所示。

图 6-42　椭圆的属性对话框

在该对话框中可以对坐标、线宽、类型和椭圆的颜色等属性进行设置。

（1）"椭圆"选项组

在该选项组下输入椭圆的中心和半轴的 X 坐标和 Y 坐标，以及旋转角度。旋转角度可以设置为 0°、45°、90°、135°、180°、-45°、-90°、-135°，用于旋转椭圆。

（2）"格式"选项组

在该选项组下勾选"已填满"复选框，填充椭圆，如图 6-43 所示。

图 6-43　填充椭圆

椭圆其余设置属性与圆属性相同，这里不再赘述。

6.1.9　绘制样条曲线

EPLAN 使用一种称为非一致有理 B 样条（NURBS）曲线的特殊样条曲线类型。NURBS 曲线在控制点之间产生一条光滑的样条曲线。样条曲线可用于创建形状不规则的曲线，例如，为地理信息系统（GIS）应用或汽车设计绘制轮廓线。

1. 样条曲线的绘制步骤

1）选择菜单栏中的"插入"→"图形"→"样条曲线"命令，这时光标变成十字形状并附带样条曲线符号 🎵。

移动光标到需要放置样条曲线的位置处，单击鼠标左键，确定贝塞尔曲线的起点。然后移动光标，再次单击鼠标左键确定终点，绘制出一条直线，如图 6-44 所示。

2）继续移动鼠标，在起点和终点间合适位置单击鼠标左键确定控制点 1，然后生成一条弧线，如图 6-45 所示。

3）继续移动鼠标，曲线将随光标的移动而变化，单击鼠标左键，确定控制点 2，如图 6-46 所示。单击右键选择"取消操作"命令或按【Esc】键，样条曲线绘制完毕，退出当前样条曲线的绘制。

图 6-44　确定一条直线　　　图 6-45　确定曲线的控制点 1　　　图 6-46　确定曲线的控制点 2

4）此时鼠标仍处于绘制样条曲线的状态，重复步骤 2）的操作即可绘制其他的样条曲线，按下【Esc】键便可退出操作。

2. 编辑样条曲线

选中要编辑的样条曲线，此时，样条曲线高亮显示，同时在样条曲线的起点、终点、控制点 1、控制点 2 上显示小方块，如图 6-47 所示。通过单击鼠标左键将其上点拉到另一个位置，将样条曲线进行变形。

图 6-47　编辑样条曲线

3．设置样条曲线属性

双击样条曲线，系统将弹出相应的样条曲线属性编辑对话框，"属性（样条曲线）"对话框如图 6-48 所示。

图 6-48　样条曲线的属性对话框

在该对话框中可以对坐标、线宽、类型和样条曲线的颜色等属性进行设置。

在"样条曲线"选项组下输入样条曲线的起点、终点、控制点 1、控制点 2 坐标。

样条曲线其余设置属性与圆属性相同，这里不再赘述。

6.1.10　实例——搅拌器符号

本例绘制的搅拌器符号如图 6-49 所示。

6.1.10　实例——
搅拌器符号

图 6-49　搅拌器符号

1．配置绘图环境

1）创建符号库。选择菜单栏中的"工具"→"主数据"→"符号库"→"新建"命令，弹出"创建符号库"对话框，在"文件名"文本框中输入文件名称"ELC_Library"，如图 6-50 所示，新建一个名为"ELC_Library"的符号库。

图 6-50　"创建符号库"对话框

2）单击"保存"按钮，弹出如图 6-51 所示的"符号库属性"对话框，显示栅格属性，可以设置栅格大小，默认值为 1.00mm。单击"确定"按钮，关闭对话框。

图 6-51　"符号库属性"对话框

注意：虽然 EPLAN Electric P8 2022 为我们提供了丰富的符号库资源，但是在实际的电路设计中，由于元件制造技术的不断更新，有些特定的元件仍需我们自行制作。根据项目的需要，建立基于该项目的符号库，有利于在以后的设计中更加方便快速地调入元件符号。

2. 创建符号文件

（1）设置变量

选择菜单栏中的"工具"→"主数据"→"符号"→"新建"命令，弹出"生成变量"对话框，目标变量选择"变量 A"，如图 6-52 所示，单击"确定"按钮，关闭对话框，弹出"符号属性"对话框，在该对话框中设置下面的参数。

图 6-52 "生成变量"对话框

- 在"符号编号"文本框中默认符号编号为 0；
- 在"符号名"文本框中命名符号名为 jiaobanqi；
- 在"符号类型"文本框中默认选定的"功能"类型；
- 在"功能定义"文本框中单击 按钮，弹出"功能定义"对话框，选择"搅拌器，可变"，如图 6-53 所示；

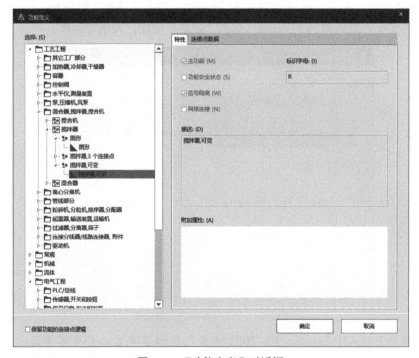

图 6-53 "功能定义"对话框

- 在"连接点"文本框中定义连接点为 3。

设置结果如图 6-54 所示，单击"确定"按钮，进入符号编辑环境，绘制符号外形。

（2）栅格显示

单击状态栏中的"开/关捕捉到栅格"按钮 ，启用"捕捉到栅格点"方式，捕捉栅格点。单击状态栏中的"栅格"按钮 ，栅格尽量选择 C，以免在后续的电气图绘制时插入该符号而不能自动连线。单击状态栏中的"开/关捕捉到对象"按钮 和"开/关捕捉到栅格"按钮 ，捕捉特殊点。

图 6-54　"符号属性"对话框

（3）绘制折线

单击"插入"选项卡的"图形"面板中的"折线"按钮，光标变成交叉形状并附带折线符号，移动光标到坐标原点，单击鼠标左键确定折线的起点，多次单击确定多个固定点，单击空格键完成当前折线的绘制，绘制结果如图 6-55 所示。

（4）绘制直线

单击"插入"选项卡的"图形"面板中的"直线"按钮，绘制竖直直线，结果如图 6-56 所示。通常采用两点确定一条直线的方式绘制直线，第一个端点可由光标拾取或者在编辑框中输入绝对或相对坐标，第二个端点可按同样的方式输入。

图 6-55　绘制折线　　　　　　　　　　图 6-56　绘制直线

6.2　注释工具

在原理图编辑环境中，注释工具用于在原理图中绘制各种标注信息，使电路原理图、元件更清晰，数据更完整，可读性更强。

6.2.1 文本

文本注释是图形中很重要的一部分内容，进行各种设计时，通常不仅要绘出图形，还要在图形中标注一些文字，如技术要求、注释说明等，对图形对象加以解释。

1．插入文本

1）选择菜单栏中的"插入"→"图形"→"文本"命令，弹出"属性（文本）"对话框，如图 6-57 所示。

图 6-57　文本属性设置对话框

完成设置后，关闭对话框。

2）这时光标变成交叉形状并附带文本符号·**T**，移动光标到需要放置文本的位置处，单击鼠标左键，完成当前文本放置。

3）此时鼠标仍处于绘制文本的状态，重复步骤 2）的操作即可绘制其他的文本，单击右键选择"取消操作"命令或按【Esc】键，便可退出操作。

2．文本属性设置

双击文本，系统将弹出相应的文本属性编辑对话框，"属性（文本）"对话框如图 6-57 所示。该对话框包括两个选项卡。

（1）"文本"选项卡

● 文本：用于输入文本内容。

● 路径功能文本：勾选该复选框，插入路径功能文本。

● 不自动翻译：勾选该复选框，不自动翻译输入的文本内容。

（2）"格式"选项卡

所有 EPLAN 原理图图形中的文字都有与其相对应的文本格式。当输入文字对象时，EPLAN 使用当前设置的文本格式。文本格式是用来控制文字基本形状的一组设置。下面介绍"格式"选项组中的选项。

● "字号"下拉列表框：用于确定文本的字符高度，可在文本编辑器中设置输入新的字符高度，也可从此下拉列表框中选择已设定过的高度值。

● 颜色：用于确定文本的颜色。

● 方向：用于确定文本的方向。

- 角度：用于确定文本的角度。
- 层：用于确定文本的层。
- 字体：文字的字体用于确定字符的形状，在 EPLAN 中，一种字体可以设置成不同的效果，从而被多种文本样式使用，下拉列表中显示同一种字体（宋体）的不同样式。
- 隐藏：用于隐藏文本的内容。
- 行间距：用于确定文本的行间距。这里所说的行间距是指相邻两文本行基线之间的垂直距离。
- 语言：用于确定文本的语言。
- "粗体"复选框：用于设置加粗效果。
- "斜体"复选框：用于设置斜体效果。
- "删除线"复选框：用于在文字上添加水平删除线。
- "下划线"复选框：用于设置或取消文字的下划线。
- "应用"按钮：确认对文字格式的设置。当对现有文字格式的某些特征进行修改后，都需要单击此按钮，系统才会确认所做的改动。

6.2.2　功能文本

功能文本属于关联于元件属性内的文本，其属性编号为 20011，常用于表示元件功能，在生成报表时可调出属性显示。

放置元件时或编辑元件属性时，在"属性（元件）：常规设备"对话框中"功能文本"文本框中进行定义，如图 6-58 所示。

图 6-58　功能文本

6.2.3　路径文本

路径功能文本是指在此路径区域内的元件下的功能文本。在生成报表时功能文本显示的优先级是功能文本>路径功能文本。

选择菜单栏中的"插入"→"路径功能文本"命令，弹出"属性（路径功能文本）"对话框中，默认勾选"路径功能文本"复选框，插入路径功能文本，如图 6-59 所示。同一区域下的所有元件共享路径功能文本的内容。

图 6-59　路径功能文本

6.2.4　放置图片

在电路原理图的设计过程中，有时需要添加一些图片文件，例如元件的外观、厂家标志等。

1．放置图片的步骤

选择菜单栏中的"插入"→"图形"→"图片文件"命令，弹出"选取图片文件"对话框，如图 6-60 所示。

图 6-60　选择图片文件

选择图片后，单击"打开"按钮，弹出"复制图片文件"对话框，如图 6-61 所示，单击"确定"按钮。

图 6-61　"复制图片文件"对话框

图 6-62　确定位置

光标变成十字形状并附带图片符号。移动光标到指定位置，单击鼠标左键，确定矩形框的位置，移动鼠标可改变矩形框的大小，在合适位置再次单击鼠标左键确定另一顶点，如图 6-62 所示，同时弹出"属性（图片文件）"对话框，如图 6-63 所示。完成属性设置后，单击即可将图片添加到原理图中，如图 6-64 所示。

图 6-63　"属性（图片文件）"对话框

图 6-64　图片

2. 设置图片属性

在放置状态下，或者放置完成后，双击需要设置属性的图片，弹出"属性（图片文件）"对话框，如图 6-63 所示。

- 文件：显示图片文件路径。
- 显示尺寸：显示图片文件的宽度与高度。
- 原始尺寸的百分比：设置原始图片文件的宽度与高度比例。
- 保持纵横比：勾选该复选框，保持缩放后原始图片文件的宽度与高度比例。

6.3 图形编辑命令

这一类编辑命令在对指定对象进行编辑后，使编辑对象的几何特性发生改变，包括倒角、圆角、修剪、延伸等命令。

执行"插入"菜单下"图形"子菜单中的各项命令，如图 6-65 所示。

图 6-65　图形编辑工具

6.3.1 比例缩放命令

比例缩放的绘制步骤如下：

1）选择菜单栏中的"编辑"→"图形"→"比例缩放"命令，这时光标变成十字形状并附带缩放符号 。

2）移动光标到缩放对象位置处，框选对象，单击鼠标左键选择缩放比例的原点，如图 6-66 所示，弹出"比例缩放"对话框，如图 6-67 所示，单击"确定"按钮，关闭对话框，完成缩放图形。

图 6-66　缩放图形

图 6-67　"比例缩放"对话框

6.3.2　修剪命令

修剪的绘制步骤如下：

1）选择菜单栏中的"编辑"→"图形"→"修剪"命令，这时光标变成十字形状并附带修剪符号🖾。

2）移动光标到修剪对象位置处，单击边界对象外需要修剪的部分，如图 6-68 所示，完成修剪图形。

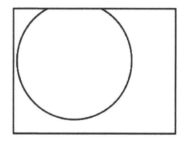

图 6-68　修剪图形

系统规定可以用作边界对象的对象有直线段、射线、双向无限长线、圆弧、圆、椭圆、二维和三维多段线、样条曲线等。

3）此时鼠标仍处于修剪的状态，重复步骤 2）的操作即可修剪其他的对象，按下【Esc】键便可退出操作。

6.3.3　圆角命令

圆角是指用指定的半径决定的一段平滑的圆弧连接两个对象。系统规定可以用圆角连接一对直线段、非圆弧的多段线段、样条曲线、双向无限长线、射线、圆、圆弧和椭圆，可以在任何时刻用圆角连接非圆弧多段线的每个节点。

圆角的绘制步骤如下：

1）选择菜单栏中的"编辑"→"图形"→"圆角"命令，这时光标变成十字形状并附带圆角符号🖾。

2）移动光标到需要倒圆角对象位置处，单击确定倒圆角位置，系统会根据指定的圆弧的半径把多段线各顶点用圆滑的弧连接起来，拖动鼠标，调整圆角大小，单击确定圆角大小，如图 6-69 所示，完成图形倒圆角。

3）此时鼠标仍处于绘制倒圆角的状态，重复步骤 2）的操作即可绘制其他的倒圆角，按【Esc】键便可退出操作。

图 6-69 图形倒圆角

6.3.4 倒角命令

倒角是指用斜线连接两个不平行的线型对象。可以用斜线连接直线段、双向无限长线、射线和多段线。

倒角的绘制步骤如下：

1）选择菜单栏中的"编辑"→"图形"→"倒角"命令，这时光标变成十字形状并附带倒角符号 。

2）移动光标到需要倒角对象位置处，单击确定倒角位置，系统会根据指定的选择倒角的两个斜线距离将被连接的两对象连接起来，拖动鼠标，调整倒角大小，单击确定倒角大小，如图 6-70 所示，完成图形倒角。

图 6-70 图形倒角

3）此时鼠标仍处于绘制倒角的状态，重复步骤 2）的操作即可绘制其他的倒角，按下【Esc】键便可退出操作。

6.3.5 修改长度命令

修改长度对象是指拖拉选择的，且长度发生改变后的对象。

修改长度的绘制步骤如下：

1）选择菜单栏中的"编辑"→"图形"→"修改长度"命令，这时光标变成十字形状并附带修改长度符号 。

2）移动光标到修改长度对象位置处，单击选中对象并确定基点，拖动鼠标确定修改的长度，如图 6-71 所示，确定位置后，单击鼠标左键，完成图形修改长度。

图 6-71 修改图形长度

3）此时鼠标仍处于图形修改长度的状态，重复步骤 2）的操作即可修改其他图形长度，按下【Esc】键便可退出操作。

6.3.6　拉伸命令

拉伸对象时，应指定拉伸的基点和移置点，可以使用拖拉鼠标的方法来动态地改变对象的长度或角度。利用一些辅助工具如捕捉及相对坐标等提高拉伸的精度。

拉伸的绘制步骤如下：

1）选择菜单栏中的"编辑"→"图形"→"拉伸"命令，这时光标变成十字形状并附带拉伸符号 。

2）移动光标到拉伸对象位置处，框选选中对象并单击确定基点，拖动鼠标确定拉伸后的位置，如图 6-72 所示，确定位置后，单击鼠标左键，完成图形拉伸。

图 6-72　拉伸图形

3）此时鼠标仍处于图形拉伸的状态，重复步骤 2）的操作即可拉伸其他图形，按【Esc】键便可退出操作。

6.3.7　实例——电阻温度计符号

本例绘制的电阻温度计如图 6-73 所示。

图 6-73　电阻温度计

6.3.7　实例——
电阻温度计符号

1. 配置绘图环境

选择菜单栏中的"页"→"新建"命令，创建"图形（交互式）"图纸页"=CA1+EAA/6
电阻温度计符号"，双击图纸页名称进入图纸页 6 的编辑环境。

2. 绘制图形

1）单击"插入"选项卡的"图形"面板中的"圆"按钮 ，绘制半径为 15mm 的圆，设置线宽为 0.13mm，如图 6-74 所示。

2）单击"插入"选项卡的"图形"面板中的"直线"按钮 ，过圆心向上绘制长度为 30mm 的竖直直线，设置线宽为 0.13mm，如图 6-75 所示。

3）单击"插入"选项卡的"图形"面板中"长方形"按钮□，再绘制一个长为18mm，宽为10mm 的矩形，设置线宽为 0.13mm，结果如图 6-76 所示。

图 6-74　绘制圆

图 6-75　绘制直线

图 6-76　绘制长方形

4）单击"编辑"选项卡"图形"面板中的"移动"按钮▦，输入相对坐标（-9 -5），移动长方形，结果如图 6-77 所示。

5）选择菜单栏中的"编辑"→"复制""粘贴"命令，向两侧复制竖直直线，输入相对坐标（3 0）、（-3 0），结果如图 6-78 所示。

6）单击"插入"选项卡的"图形"面板中的"圆"按钮◯，绘制半径为 1mm 的圆，设置线宽为 0.13mm，如图 6-79 所示。

图 6-77　移动长方形

图 6-78　复制直线

图 6-79　绘制圆

7）选择菜单栏中的"编辑"→"复制""粘贴"命令，复制 3 个圆，输入相对坐标（6 0）、（0 -5）、（6 -5），结果如图 6-80 所示。

8）单击"编辑"选项卡"图形"面板中的"修剪"按钮✂，修剪接线端，结果如图 6-81所示。

图 6-80　复制圆

图 6-81　修剪直线

3. 添加文字

单击"插入"选项卡的"文本"面板中的"文本"按钮Ｔ，在引脚右侧输入连接点代号

"1""2""3""4"，在文本"格式"选项卡中设置"角度"为"90°"，输入"1+""2+"，结果如图 6-73 所示。

6.4　操作实例——制作七段数码管元件

本例中要创建的元器件是一个七段数码管，这是一种显示元器件，广泛地应用在各种仪器中，它由七段发光二极管构成。在本例中，主要学习用绘图工具中的按钮来创建一个七段数码管原理图符号的方法。

> 6.4　操作实例——制作七段数码管元件

1. 创建符号库

选择菜单栏中的"工具"→"主数据"→"符号库"→"新建"命令，弹出"创建符号库"对话框，新建一个名为"Lib Design"的符号库，如图 6-82 所示。

图 6-82　"创建符号库"对话框

单击"保存"按钮，弹出如图 6-83 所示的"符号库属性"对话框，显示栅格大小，默认值为 1.00mm，单击"确定"按钮，关闭对话框。

图 6-83　"符号库属性"对话框

2. 创建符号变量 A

选择菜单栏中的"工具"→"主数据"→"符号"→"新建"命令，弹出"生成变量"对话框，目标变量选择"变量 A"，如图 6-84 所示，单击"确定"按钮，关闭对话框，弹出"符号属性"对话框。

图 6-84 "生成变量"对话框

在"符号编号"文本框中命名符号编号；在"符号名"文本框中命名符号名 SM；在"功能定义"文本框中选择功能定义，单击 — 按钮，弹出"功能定义"对话框，可根据绘制的符号类型，选择功能定义，如图 6-85 所示，功能定义选择"二极管，可变"，在"连接点"文本框中定义连接点，连接点为"7"。单击 逻辑...(L) 按钮，弹出"连接点逻辑"对话框，如图 6-86 所示。

图 6-85 "功能定义"对话框

图 6-86　"连接点逻辑"对话框

默认连接点逻辑信息如图 6-87 所示，单击"确定"按钮，进入符号编辑环境，绘制符号外形。

图 6-87　"符号属性"对话框

3．绘制原理图符号

（1）绘制数码管外形

在图纸上绘制数码管元件的外形。选择菜单栏中的"插入"→"图形"→"长方形"命令，绘制矩形，单击右键选择"取消操作"命令或按【Esc】键，退出当前长方形的绘制，如图6-88所示。

图6-88　绘制长方形

（2）绘制七段发光二极管

1）在图纸上绘制数码管的七段发光二极管，在原理图符号中用直线来代替发光二极管。选择菜单栏中的"插入"→"图形"→"直线"命令，在数码管外形中间绘制直线，如图6-89所示，然后双击绘制好的直线打开"属性（直线）"对话框，将直线的线宽设置为0.7mm，如图6-90所示。

图6-89　在图纸上放置二极管　　　　图6-90　设置直线属性

2）绘制小数点。选择菜单栏中的"插入"→"图形"→"长方形"命令，在图纸上绘制一个如图6-91所示的小矩形作为小数点。

双击放置的矩形打开"属性（长方形）"对话框，勾选"填充表面"复选框，如图6-92所示。

提示：

在放置小数点的时候，由于小数点比较小，用默认的栅格C放置可能比较困难，因此可

以通过使用小间距栅格，切换为栅格 A；也可以在"属性（长方形）"对话框中设置坐标的
方法来微调小数点的位置。

图 6-91 在图纸上放置小数点　　　　　　　图 6-92 设置矩形属性

（3）放置数码管的标注

选择菜单栏中的"插入"→"图形"→"文本"命令，弹出"属性（文本）"对话框，
输入文字，在图纸上放置如图 6-93 所示的数码管标注。

双击放置的文字打开"属性（文本）"对话框，修改文字，如图 6-94 所示。使用同样的
方法设置其余文字，结果如图 6-95 所示。

图 6-93 放置数码管标注　　　　图 6-94 设置文本属性　　　　图 6-95 数码管标注

（4）绘制数码管的连接点

选择菜单栏中的"插入"→"连接点左"命令，按住【Tab】键，旋转连接点方向，单击确定连接点位置，自动弹出"连接点"属性对话框，在该对话框中，默认显示连接点号 1，如图 6-96 所示。绘制 7 个连接点，如图 6-97 所示。

图 6-96　设置连接点属性

图 6-97　绘制连接点

4．创建其余符号变量

1）选择菜单栏中的"工具"→"主数据"→"符号"→"新变量"命令，弹出"生成变量"对话框，目标变量选择"变量 B"，如图 6-98 所示，单击"确定"按钮，在"生成变量"对话框中设置变量 B，选择元变量为变量 A，旋转 90°，如图 6-99 所示。

图6-98 "生成变量"对话框1

图6-99 "生成变量"对话框2

2）单击"确定"按钮，返回符号编辑环境，显示变量B，如图6-100所示。

图6-100 变量B

3）使用同样的方法，旋转180°，生成变量C；旋转270°，生成变量D；勾选"绕Y轴镜像图形"复选框，旋转0°、90°、180°、270°，生成变量E、F、G、H，如图6-101所示。

变量C　　　　　变量D　　　　　变量E

图6-101 数码管变量

变量 F 变量 G 变量 H

图 6-101 数码管变量（续）

至此完成数码管元件符号的绘制。

第7章　原理图的后续操作

素养目标
➢ 培养读者与时俱进、精益求精的优秀品质
➢ 灵活运用所学技能，举一反三，提高绘图效率

技能目标
➢ 学会编号管理方法
➢ 掌握宏的使用方法
➢ 掌握精确定位工具的使用方法

项目导读
学习了原理图绘制的方法和技巧后，接下来将介绍原理图中的后续操作。本章主要内容包括原理图中的常用操作、编号管理和定位工具等。

7.1　原理图中的常用操作

原理图在绘制过程中，需要一些常用技巧操作，以方便绘制。

7.1.1　工作窗口的缩放

在原理图编辑器中提供了电路原理图的缩放功能，以便于用户进行观察。选择"视图"→"缩放"菜单，系统弹出如图 7-1 所示的下拉菜单，在该菜单中列出了对原理图画面进行缩放的多种命令。

"缩放"子菜单栏中缩放的操作分为以下几种类型。

1. 在工作窗口中显示选择的内容

该类操作包括在工作窗口显示整个原理图窗口和整个原理图页区域。

- "窗口"命令：使用这个命令可以在工作区域放大或缩小图像显示。具体操作方法为：执行该命令，光标将变成十字形状出现在工作窗口中，在工作窗口单击鼠标左键，确定区域的一个顶点，移动鼠标光标确定区域的对角顶点后可以确定一个区域；单击鼠标左键，在工作窗口中将只显示刚才选择的区域。按下鼠标中键，移动手形光标即可平移图形。

- "整个页"命令：用来观察并调整整张原理图窗口的布局。执行该命令后，编辑窗口内将以最大比例显示整张原理图的内容，包括图纸边框、标题栏等。

图 7-1　"视图"下拉菜单

2．显示比例的缩放

该类操作包括确定原理图的放大和缩小显示以及不改变比例地显示原理图上坐标点附近区域，它们一起构成了"缩放"子菜单的第二栏和第三栏。

● "放大"命令：放大显示，用来以光标为中心放大画面。

● "缩小"命令：缩小显示，用来以光标为中心缩小画面。

执行"放大"和"缩小"命令时，最好将光标放在要观察的区域中，这样会使要观察的区域位于视图中心。

3．使用快捷键执行视图操作

EPLAN Electric P8 2022 为视图操作提供了快捷键，具体如下。

快捷键【Z】：保持比例不变地显示以鼠标光标所在点为中心的附近区域。

快捷键【Alt+3】：放大显示整个原理图页。

7.1.2　查找操作

在原理图编辑器中，提供了电路原理图的查找与替换功能，以便于用户进行设计。元件编号和连接代号等可以通过查找替换的方法来修改。这种方法能够修改的范围比较大，可以通过选定项目在项目内搜索需要修改的目标或者通过选定某些页来搜索目标，使用起来比较灵活。

选择"查找"菜单，系统弹出如图 7-2 所示的下拉菜单，在该菜单中列出了对原理图中对象进行查找的多种命令。

1．查找

该命令用于在电路图中查找指定的对象，运用该命令可以迅速找到某一对象文字标识的符号，下面介绍该命令的使用方法。

1）选择菜单栏中的"查找"→"查找"命令，或者按【Ctrl+F】快捷键，屏幕上会出现如图 7-3 所示的"查找"对话框。

图 7-2 "查找"下拉菜单

"查找"对话框中包含的各参数含义如下。

● "功能筛选器"选项组：下拉列表框中选项用于设置所要查找的电路图类型。

● "查找按照"文本框：用于输入需要查找的文本。

● "查找在"选项组：用于匹配查找对象所具有的特殊属性，包含设备标识符/名称、所有的元件的全部属性等。

● "区分大小写"复选框：勾选该复选框，表示查找时要注意大小写的区别。

● "只查找整个文本"复选框：勾选该复选框，表示只查找具有整个单词匹配的文本。

● "查找范围"复选组：下拉列表框中选项用于设置所要查找的电路图范围，包括逻辑页、图形页、报表页等。

● "应用到整个项目"复选框：勾选该复选框，在工作窗口中将屏蔽所有不符合搜索条件的对象，并跳转到最近的一个符合要求的对象上。

2）用户按照自己实际情况设置完对话框内容之后，单击"确定"按钮开始查找。

如果查找成功，会发现原理图中的视图发生了变化，在"查找结果"导航器中显示要查找的元件，如图 7-4 所示。如果没有找到需要查找的元件，"查找结果"导航器中显示为空，表示查找失败。

图 7-3 "查找"对话框   图 7-4 "查找结果"导航器

总的来说,"查找"命令的用法和含义与 Word 中的"查找"命令基本上是一样的,按照 Word 中的"查找"命令用法在 EPLAN 中运用"查找"命令即可。

① 上一个词条。该命令用于在"查找结果"导航器中查找上一处结果,也可以按【Ctrl+Shift+V】组合键执行这项命令。该命令比较简单,这里不多介绍。

② 下一个词条。该命令用于在"查找结果"导航器中查找下一处结果,也可以按【Ctrl+Shift+F】组合键执行这项命令。该命令比较简单,这里不多介绍。

③ 查找结果。查找完毕时会弹出"查找结果"导航器,显示查找到的内容。这时,可以对查找结果进行排序,选择需要修改的目标进行修改。

选择菜单栏中的"查找"→"显示结果"命令,打开"查找结果"导航器,显示要查找的元件。双击查找结果中的对象,直接跳转到原理图中的对象处。

在查找结果上单击鼠标右键,弹出如图 7-5 所示的快捷菜单,选择命令修改属性内容或通过替换进行修改。

● 全选:选择查找结果列表中全部查找结果。
● 调整列宽:调整查找结果列表列宽。
● 删除:删除选中的查找结果信息。
● 删除所有记录:为避免下次查找的结果中将包含之前已经查找到的目标,使用查找后需要在查找结果窗口中右键单击删除所有记录。
● 查找:选择该项后将弹出"查找"对话框,执行查找命令。
● 替换:替换查找到的目标属性的部分数据,比如元件标识符的前导数字和标识字母、连接代号中的页码等,都可以进行部分替换。
● 属性:弹出选中查找对象的属性设置对话框,进行参数设置,方便进行替换。

2. 查找相似对象

在原理图编辑器中提供了寻找相似对象的功能。具体的操作步骤如下:

选择某一"对象"命令，单击鼠标右键，弹出快捷菜单，如图 7-6 所示，选择"相同类型的对象"命令，对选中对象搜索类似对象，类似对象均高亮显示。

图 7-5 快捷菜单

图 7-6 搜索类似对象

7.1.3 视图的切换

1. 前一个视图

选择菜单栏中的"视图"→"返回"命令，可返回到上一个视图所在位置，不管上一个视图移动缩放命令是完成了还是被取消了。

2. 下一个视图

视图返回后，选择菜单栏中的"视图"→"向前"命令，可退回到下一个视图所在位置。

7.1.4 命令的重复、撤销和重做

在命令执行的任何时刻都可以取消或终止命令，可以一次执行多重放弃和重做操作。

1. 列表撤销

选择菜单栏中的"编辑"→"列表撤销"命令，弹出列表撤销对话框，显示操作步骤，在列表中选中需要撤销的一步或多步，如图 7-7 所示。

图 7-7 列表撤销对话框

2. 撤销

选择菜单栏中的"编辑"→"撤销"命令，撤销执行的最后一个命令，若需要撤销多步，需要多次执行该命令。

3. 列表恢复

选择菜单栏中的"编辑"→"列表恢复"命令，弹出列表恢复对话框，显示已撤销的操作步骤，在列表中选中需要恢复的一步或多步，如图 7-8 所示。

图 7-8　列表恢复对话框

4. 恢复

选择菜单栏中的"编辑"→"恢复"命令，已被撤销的命令要恢复重做，可以恢复撤销的最后一个命令。

5. 取消操作

选择菜单栏中的"编辑"→"取消操作"命令或按快捷键【Esc】，取消当前正在执行的操作。

7.2　编号管理

当原理图设计完成后，用户就可以逐个地手动更改这些编号，但是这样比较烦琐而且容易出现错误。EPLAN 为用户提供了强大的连接自动编号功能。首先要确定一种编号方案，即要确定线号字符集（数字/字母的组合方式）、线号的产生规则（是基于电位还是基于信号等）、线号的外观（位置/字体等）等。

每个公司对线号编号的要求都不尽相同，比较常见的编号要求有以下几种。

第一种：主回路用电位+数字，PLC 部分用 PLC 地址，其他用字母+计数器的方式。

第二种：用相邻的设备连接点代号，例如 KM01:3-FR01：1。

第三种：页号+列号+计数器，比如图纸第二页第三列的线号为 00203-01，00203-02。

7.2.1　连接编号设置

选择菜单栏中的"选项"→"设置"命令，弹出"设置"对话框，选择"项目"→"NEW（打开的项目名称）"→"连接"→"连接编号"选项，打开项目默认属性下的连接线编号设置界面，如图 7-9 所示。单击"配置"栏后的 + 按钮，新建一个 EPLAN 线号编号的配置文件，该配置文件包括筛选器配置、放置设置、命名设置和显示设置。

图 7-9　连接编号设置界面

1. "筛选器"选项卡

行业：勾选需要进行连接编号的行业。

功能定义：确定可用连接的功能定义。

2. "放置"选项卡

- 符号（图形）：EPLAN 在自动放置线号时，在图纸中自动放置的符号显示复制的连接符号所在符号库、编号/名称、变量、描述，如图 7-10 所示。
- 放置数：在图纸中放置线号设置的规则，包括 4 个单选钮，选择不同的单选钮，连接放置效果也将不同，如图 7-11 所示。

图 7-10 "放置"选项卡

图 7-11 显示连接定义点的放置数

◆ "在每个独立的部分连接上":在连接的每个独立部分连接上放置一个连接定义点。对于并联回路,每一根线称为一个连接。

◆ "每个连接一次":分别在连接图形的第一个独立部分连接上放置一个连接定义点。根据图框的报表生成方向确定第一部分连接。

◆ "每页一次":每页一次在不换页的情况下等同每个连接一次,涉及换页使用中断点时,选择每页一次,会在每页的中断点上都生成线号。

◆ "在连接的开端和末尾":分别在连接的第一个和最后一个部分上放置连接定义点。

3. "名称"选项卡

显示编号规则,如图 7-12 所示,新建、编辑、删除一个命名规则,根据需求调整编号的优先顺序。

图 7-12　"名称"选项卡

单击"格式组"栏后的 + 按钮,弹出"连接编号:格式"对话框,定义编号的连接组、连接组范围显示可用格式元素和设置的格式预览,如图 7-13 所示。

图 7-13　"连接编号:格式"对话框

在"连接组"中选择已预定义的连接组，包括 11 种，如图 7-14 所示，部分内容介绍如下：

- 与 PLC 连接点相接的连接。
- 与 PLC 连接点（除了卡电源和总线电缆）的连接：将卡电源和总线电缆视为特殊并和常规连接一起编号。
- 连接到'PLC 连接点、I/O、1 个连接点'或'PLC 连接点、可变'的连接：与功能组的 PLC 连接点'PLC 连接点、I/O、1 个连接点'或'PLC 连接点、可变'相连的连接。已取消的 PLC 连接点将不予考虑。仅当可设置的 PLC 连接点（功能定义'PLC 连接点，多功能'）通过信号类型被定义为输入端或输出端时，才被予以考虑。
- 设备：在选择列表对话框中可选择在项目中存在的设备标识符。输入设备标识符时通过全部连接到相应功能的连接定义连接组。
- 分组：在选择列表对话框中可选择已在组合属性中分配的值。连接组将通过全部已指定组合的值的连接定义。

图 7-14　已预定义的连接组

在"范围"下拉列表中选择编号范围，包括电位/管路、信号/状态、网络、单个连接和至执行器或传感器。在实现 EPLAN 线号自动编号之前，需要先了解 EPLAN 内部的一些逻辑传递关系，在 EPLAN 中，电位、网络、信号、连接以及传感器，这几个因素直接关系到线号编号规则的作用范围。

在"可用的格式元素"列表中显示可作为连接代号组成部分的元素。在"所选择的格式元素"列表中显示格式元素的名称、符号显示和已设置的值。单击 按钮，将"可用的格式元素"添加到"所选的格式元素"列表中。在"预览"选项下显示名称格式的预览。

信号中的非连接性元件指的是端子和插头等元件，所以代号需要另外设置。

- 勾选"覆盖端子代号"复选框，使用连接代号覆盖端子代号，不勾选该复选框，则端子代号保持原代号不变。
- 勾选"修改中断点代号"复选框，使用连接代号覆盖中断点名称，不勾选该复选框，则中断点保持原代号不变。
- 勾选"覆盖线束连接点代号"复选框，使用连接代号覆盖线束连接点代号，不勾选该复选框，则线束连接点保持原代号不变。

4. "显示"选项卡

显示连接编号的水平、垂直间隔，字体格式，如图 7-15 所示。

图 7-15 "显示"选项卡

在"角度"下拉列表中包含"与连接平行"选项，如图 7-16 所示，如果选择"与连接平行"，生成的线号的字体方向自动与连接方向平行，如图 7-17 所示。

图 7-16 "角度"下拉列表

角度为 0°   选择"与连接平行"

图 7-17 连接编号放置方向

7.2.2　手动编号

如果项目中有一部分线号需要手动编号，那么对显示连接编号位置放置的问号代号进行修改。双击连接定义点的问号代号，弹出属性设置对话框，如图 7-18 所示，修改"连接代号"文本框，修改为实际的线号。

图 7-18　属性设置对话框

手动编号的作用范围与配置的编号方案有关。例如，如果编号是基于电位进行的，那么与手动放置编号的连接电位相同的所有连接均会被放置手动编号。也就是说，相同编号只需手动编号一处即可。手动放置的编号处于自动编号的范围外，否则自动产生的编号会与手动编号重复。

7.2.3　自动编号

需要选中进行编号的部分电路或单个甚至多个原理图页，也可以是整个项目。选择菜单栏中的"项目数据"→"连接"→"编号"→"命名"命令，弹出如图 7-19 所示的"对连接进行说明"对话框，根据配置好的编号方案执行手动编号。

"起始值/增量"表格中列出当前配置中的定义规则。在"覆盖"下拉列表确定进行编号的连接定义点范围，包括全部、除了'手动放置'。在"避免重名"下拉列表中设置是否允许重名。在"可见度"下拉列表中选择显示的连接类型包括不更改、均可见、每页和范围一次。勾选"标记为'手动放置'"复选框，所有的连接被分配手动放置属性；勾选"应用到整个项目"复选框，编号范围为整个项目；勾选"结果预览"复选框，在编号执行前，显示预览结果。

图 7-19 "对连接进行说明"对话框

单击"确定"按钮，完成设置，弹出"对连接进行说明：结果预览"对话框，如图 7-20 所示，对结果进行预览，对不符合要求的编号可进行修改。单击"确定"按钮，按照预览结果对选择区域的连接定义点进行标号，结果如图 7-21 所示。可以发现，原理图上的"？？？？"已经用编号代替。

图 7-20 "对连接进行说明：结果预览"对话框　　　　图 7-21 编号结果

7.2.4 手动批量更改线号

通过设定编号规则，可以实现 EPLAN 的自动线号编号，在自动编号过程中，因为某些原因，不一定能够完全生成自己想要的线号，这时候需要进行手动修改，逐个地修改又过于烦琐,此时可以通过对 EPLAN 进行设置,手动批量修改。

选择菜单栏中的"选项"→"设置"命令,弹出"设置"对话框中选择"用户"→"图形的编辑"→"连接符号",勾选"在整个范围内传输连接代号"复选框,如图 7-22 所示。

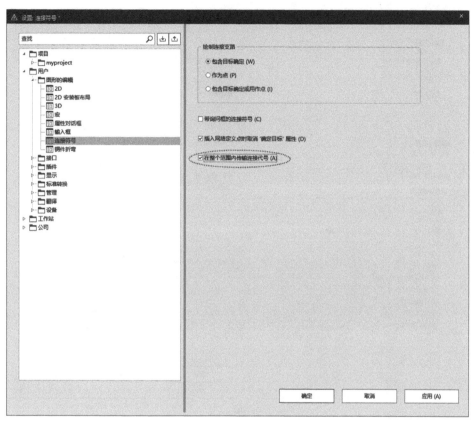

图 7-22 "连接符号"选项卡

单击"确定"按钮,关闭对话框。在原理图中选择单个线号,如图 7-23a 所示,双击弹出线号属性对话框,对该线号的"连接代号"进行修改,将"连接代号"从 001 改为 0001,如图 7-23b 所示,单击"确定"按钮,弹出如图 7-24 所示的"传输连接代号"对话框。

a)

图 7-23 修改"连接代号"

b)

图 7-23 修改"连接代号"（续）

图 7-24 "传输连接代号"对话框

- "不传输至其他连接"：只更改当前连接线号。
- "传输至电位的所有连接"：更改该电位范围内的所有连接。
- "传输至信号的所有连接"：更改该信号范围内的所有连接。
- "传输至网络的所有连接"：更改该网络范围内的所有连接。

根据不同的选项，进行更改，结果如图 7-25 所示。

图 7-25　手动更改连接

7.3　页面的排序

当图纸越画越多的时候，难免会有增页或删页的情况出现，当页编号已经不连续了而且存在子页，若手动按页更改步骤太麻烦了，这时可以使用页的标号功能。

单击鼠标左键选中第一页，按住【Shift】键选择要结束编号的页，如图 7-26 所示。自动选择这两页（包括这两页）之间所有的页。在选中的图纸页上单击鼠标右键选择"编号"命令，或选择菜单栏中的"页"→"编号"命令，弹出如图 7-27 所示的"给页编号"对话框。

图 7-26　选择原理图页

图 7-27　"给页编号"对话框

1）在"起始号"和"增量"文本框中输入图纸页的起始编号与递增值，在"子页"下拉列表中显示 3 种子页的排序方法，保留、从头到尾编号、转换为主页。

● "保留"是指当前的子页形式保持不变。

● "从头到尾编号"是指子页用起始值为 1，增量为 1 进行重新编号。

● "转换为主页"是指子页转换为主页并重新编号。

2）"应用到整个项目"：勾选该复选卡，将整个项目下的图纸页按照对话框中的设置进行重新排序，包括选中与未选中的原理图页。

3）"结构相关的编号"：勾选该复选卡，将与选择图纸页结构相关的图纸页按照对话框中的设置进行重新排序。

4）"保持间距"：勾选该复选卡，原理图页编号保持间隔。

5）"保留文本"：勾选该复选卡，原理图页数字编号按照增量进行，保留编号中的字母编号。

6）"结果预览"：勾选该复选卡，弹出"给页编号：结果预览"对话框，显示预览设置结果，如图 7-28 所示。

图 7-28 "给页编号：结果预览"对话框

7.4 宏

在 EPLAN 中，原理图中存在大量标准电路，可将项目页上某些元素或区域组成的部分标注电路保存为宏，并根据需要随时把已经定义好的宏插入原理图的任意位置，对于某些控制回路，做成宏之后调用能起到事半功倍的效果，如起保停电路和自动往返电路等，以后即可反复调用。

7.4.1 创建宏

在原理图设计过程中经常会重复使用的部分电路或典型电路被保存可调用的模块称之为宏，如果每次都重新绘制这些电路模块，不仅造成大量的重复工作，而且存储这些电路模块及其信息要占据相当大的磁盘空间。

选择菜单栏中的"编辑"→"创建窗口宏/符号宏"命令，或在选中电路上单击鼠标右键选择"创建窗口宏/符号宏"命令，或按【Ctrl+5】键，系统将弹出如图 7-29 所示的宏"另存为"对话框。

图 7-29　宏"另存为"对话框

单击"确定"按钮，完成窗口宏".ema"创建。

符号宏的创建方法与窗口宏的相同，符号宏扩展名改为".ems"即可。

在"目录"文本框中输入宏目录，在"文件名"文本框中输入宏名称，单击 按钮，弹出宏类型"另存为"对话框，如图 7-30 所示，在该对话框中可选择文件类型、文件目录、文件名称、显示宏的图形符号与描述信息。

图 7-30　宏类型"另存为"对话框

在"表达类型"下拉列表中显示 EPLAN 中宏类型。宏的表达类型用于排序，有助于管理宏，但对宏中的功能没有影响，其保持各自的表达类型。

● 多线：适用于放置在多线原理图页上的宏。

● 多线流体：适用于放置在流体工程原理图页中的宏。

● 总览：适用于放置在总览页上的宏。

- 成对关联参考：适用于实现成对关联参考的宏。
- 单线：适用于放置在单线原理图页上的宏。
- 拓扑：适用于放置在拓扑图页上的宏。
- 管道及仪表流程图：适用于放置在管道及仪表流程图页中的宏。
- 功能：适用于放置在功能原理图页中的宏。
- 安装板布局：适用于放置在安装板上的宏。
- 预规划：适用于放置在预规划图页中的宏。在预规划宏中"考虑页比例"不可激活。
- 功能总览（流体）：适用于放置在流体总览页中的宏。
- 图形：适用于只放置在包含图形元件上的宏。该类型既不在报表中，也不在错误检查和形成关联参考时考虑图形元件，也不将其收集为目标。

在"变量"下拉列表中可选择从变量 A 到变量 P 的 16 个变量。在同一个文件名称下，可为一个宏创建不同的变量。标准情况下，宏默认保存为"变量 A"。EPLAN 中可为一个宏的每个表达类型最多创建 16 个变量。

在"描述"栏输入设备组成的宏的注释性文本或技术参数文本，用于在选择宏时提供方便。勾选"考虑页"复选框，则宏在插入时会进行外观调整，其原始大小保持不变，但在页上会根据已设置的比例尺放大或缩小显示。如果未勾选复选框，则宏会根据页比例相应地放大或缩小。

在"页数"文本框中默认显示原理图页数为 1，固定不变。窗口宏与符号宏的对象不能超过一页。

在"附加"按钮下选择"定义基准点"命令，在创建宏时重新定义基准点；选择"分配部件数据"命令，为宏分配部件。

7.4.2　插入宏

选择菜单栏中的"插入"→"窗口宏/符号宏"命令，或按【M】键，系统将弹出如图 7-31 所示的"选择宏"对话框，在之前的保存目录下选择创建的".ema"宏文件。

图 7-31　"选择宏"对话框

单击"打开"命令，此时光标变成交叉形状并附加选择的宏符号，如图 7-32 所示，将光标移动到想要需要插入宏的位置上，在原理图中单击鼠标左键确定插入宏。此时系统自动弹出"插入模式"对话框，选择插入宏的标识符编号格式与编号方式，如图 7-33 所示。此时光标仍处于插入宏的状态，重复上述操作可以继续插入其他的宏。宏插入完毕，右键选择"取消操作"命令或按【Esc】键即可退出该操作。

图 7-32　显示宏符号

图 7-33　"插入模式"对话框

可以发现，插入宏后的电路模块与原电路模块相比，仅多了一个虚线组成的边框，称之为宏边框，宏通过宏边框存储宏的信息，如果原始宏项目中的宏发生改变，可以通过宏边框来更新项目中的宏。

7.4.3　页面宏

由于创建范围的不同，页面宏的创建和插入与窗口宏和符号宏不同。

1. 创建页面宏

在"页"导航器中选择需要创建为宏的原理图页，选择菜单栏中的"页"→"页宏"→"创建"命令，系统将弹出如图 7-34 所示的宏"另存为"对话框。

图 7-34　宏"另存为"对话框

该对话框与前面创建窗口宏、符号宏相同，激活了"页数"文本框，可选择创建多个页数的宏。

2. 插入页面宏

选择菜单栏中的"页"→"页宏"→"插入"命令，系统将弹出如图 7-35 所示的宏"打开"对话框，在目录下选择创建的"ZJ.emp"宏文件。

图 7-35　宏"打开"对话框

单击"打开"按钮，此时系统自动弹出"调整结构"对话框，选择插入的页面宏的编号，如图 7-36 所示。

图 7-36　"调整结构"对话框

完成页面宏插入后，在"页"导航器中显示插入的原理图页。

7.4.4　实例——创建标题栏宏

7.4.4　实例——创建标题栏宏

1）打开项目。选择菜单栏中的"项目"→"打开"命令，弹出如图 7-37 所示的对话框，选择项目文件的路径，打开项目文件"Auto Production Line.elk"，如图 7-38 所示。

图 7-37　"打开项目"对话框

图 7-38　打开项目文件

2）选择菜单栏中的"页"→"导入"→"DXF/DWG"文件命令，弹出"DXF/DWG 文件选择"对话框，导入 DXF/DWG 文件"A4样板图.dwg"，如图 7-39 所示。

图 7-39 "DXF/DWG 文件选择"对话框

3）单击"打开"按钮，弹出"DXF-/DWG 导入"对话框，在"源"下拉列表中显示要导入的图纸，默认配置信息，如图 7-40 所示，单击"确定"按钮，关闭该对话框，弹出"指定页面"对话框，确认导入的 DXF/DWG 文件复制的图纸页名称，如图 7-41 所示。完成设置后，单击"确定"按钮，完成 DXF/DWG 文件的导入，结果如图 7-42 所示。

图 7-40 "DXF-/DWG 导入"对话框

图 7-41 "指定页面"对话框

图 7-42　导入 DXF/DWG 文件

4）框选选中图中所示的标题栏部分，如图 7-43 所示，选择菜单栏中的"编辑"→"创建窗口宏/符号宏"命令，或在选中电路上单击鼠标右键选择"创建窗口宏/符号宏"命令，或按【Ctrl+5】组合键，系统将弹出如图 7-44 所示的宏"另存为"对话框，在"目录"文本框中输入宏目录，在"文件名"文本框中输入宏名称"NTL.ema"，单击"确定"按钮，在设置的目录下创建宏文件。

图 7-43　标题栏部分

图 7-44　宏"另存为"对话框

7.5 图框的属性编辑

图框的编辑包括图框的选择、行列的设置、文本的输入和属性。

在"页"导航器中项目下添加文件，在该图框文件上单击鼠标右键，选择"属性"命令，弹出"图框属性"对话框，在"属性名—数值"列表中显示的提示信息与打开的图框中属性对话框中显示相同，如图 7-45 所示。

图 7-45 "图框属性"对话框

1. 图框的选择

选择菜单栏中的"工具"→"主数据"→"图框"→"打开"命令，弹出"打开图框"对话框，如图 7-46 所示，选择保存在 EPLAN 默认数据库中的图框模板。

图 7-46 "打开图框"对话框

　　单击"打开"按钮，打开图框模板文件后，在"页"导航器中项目下添加文件，在"图框属性"对话框"属性名—数值"列表中显示的提示信息与打开的图框中属性对话框中显示相同，如图 7-47 所示。

图 7-47　打开图框文件

2. 行列的设置

　　选择菜单栏中的"视图"→"路径"命令，打开路径，在图框中显示行与列，如图 7-48 所示。

图 7-48　显示列

"图框属性"对话框中"属性名—数值"列表行数与列数，默认为 1 行 10 列，修改为 10 行 10 列，如图 7-49 所示。同时，还可以设置行高与列宽，如图 7-50 所示。

图 7-49 修改行数与列数

图 7-50 设置行高与列宽

3. 文本的输入

图框顶部每一列显示"列号"，每一行显示"行号"，底部标题栏显示的图框信息文本可根据信息分为项目属性文本、页属性文本等，均需要进行编辑，这些文本不是普通文本，有其特殊名称，行号称为行文本，列数为列文本。

选择菜单栏中的"插入"→"特殊文本"命令，弹出如图 7-51 所示的子菜单，选择不同的命令，分别插入不同属性的文本。

图 7-51 "特殊文本"子菜单

7.6 精确定位工具

精确定位工具是指能够快速准确地定位某些特殊点（如端点、中点、圆心等）和特殊位置（如水平位置、垂直位置）的工具。

7.6.1 栅格显示

栅格是覆盖整个坐标系（UCS）XOY 平面的直线或点组成的矩形图案。使用栅格类似于在图形下放置一张坐标纸。利用栅格可以对齐对象并直观显示对象之间的距离。

1. 栅格显示

用户可以应用栅格显示工具使工作区显示网格，它是一个形象的画图工具，就像传统的坐标纸一样。本节介绍控制栅格显示及设置栅格参数的方法。

选择菜单栏中的"视图"→"栅格"命令，或按【Ctrl+Shift+F6】快捷键，打开或关闭栅格，用于控制是否显示栅格。

2. 栅格样式

若栅格太大，放置设备时容易布局不均。若栅格过小，设备不易对齐，根据栅格 X 轴间距和栅格 Y 轴间距设置栅格在水平与垂直方向的间距。如栅格间距大小，将栅格分为 A、B、C、D、E 五种，在状态栏中，单击 ⠿ ▾ 按钮，切换栅格类型，在原理图中显示的栅格类型。

3. 捕捉到栅格

在原理图设计时，设备两端连接过程中，通常绘图人员需要注意的是捕捉到栅格。

选择菜单栏中的"选项"→"捕捉到栅格"命令，则系统可以在工作区生成一个隐含的栅格（捕捉栅格），这个栅格能够捕捉光标，约束它只能落在栅格的某一个节点上，使用户能够高精确度地捕捉和选择这个栅格上的点。

7.6.2 对象捕捉模式

EPLAN 中经常要用到一些特殊点，如圆心、切点、线段或圆弧的端点、中点等，如表 7-1 所示。如果只利用光标在图形上选择，要准确地找到这些点是十分困难的，因此，EPLAN 提供了一些识别这些点的工具，通过工具即可容易地构造新几何体，精确地绘制图形，其结果比传统手工绘图更精确且更容易维护。在 EPLAN 中，这种功能称为对象捕捉功能。

表 7-1 特殊位置点捕捉

捕 捉 模 式	功 能
两点之间的中点	捕捉两个独立点之间的中点
中点	用来捕捉对象（如线段或圆弧等）的中点
圆心	用来捕捉圆或圆弧的圆心
象限点	用来捕捉距光标最近的圆或圆弧上可见部分的象限点，即圆周上 0°、90°、180°、270° 位置上的点
交点	用来捕捉对象（如线、圆弧或圆等）的交点
垂直点	在线段、圆、圆弧或其延长线上捕捉一个点，与最后生成的点形成连线，与该线段、圆或圆弧正交
切点	最后生成的一个点到选中的圆或圆弧上引切线，切线与圆或圆弧的交点

选择菜单栏中的"选项"→"对象捕捉"命令，控制捕捉功能的开关，可以基于对象端点、中点或者对象的交点，沿着某个路径选择一点，如图 7-52 所示。

图 7-52 捕捉特殊点

7.7 操作实例——绘制图框

1. 打开项目
选择菜单栏中的"项目"→"打开"命令，弹出如图 7-53 所示的对

7.7 操作实例——绘制图框

话框，选择项目文件的路径，打开项目文件"Auto Production Line.elk"，如图 7-54 所示。

图 7-53 "打开项目"对话框

图 7-54 打开项目文件

203

2．创建图框

选择菜单栏中的"工具"→"主数据"→"图框"→"新建"命令，如图 7-55 所示，弹出"创建图框"对话框，新建一个名为"新图框 1"的图框，如图 7-56 所示。单击"保存"按钮，在"页"导航器中显示创建的新图框 1，并自动进入图框编辑环境，如图 7-57 所示。

图 7-55　菜单命令

图 7-56　"创建图框"对话框

图 7-57　图框编辑环境

3. 绘制图框

1) 选择菜单栏中的"插入"→"图形"→"长方形"命令,这时光标变成十字形状并附带长方形符号□ 。

2) 移动光标到需要放置"长方形"的起点处,单击确定长方形的角点,再次单击确定另一个角点,绘制两个嵌套的任意大小的矩形,单击右键选择"取消操作"命令或按【Esc】键,长方形绘制完毕,退出当前长方形的绘制,内外图框如图 7-58 所示。

图 7-58　长方形绘制

双击外侧的长方形图框,弹出"属性(长方形)"对话框,在"格式"选项卡下设置长方形的起点与终点坐标,如图 7-59 所示。外图框属性为起点:0mm,0mm 终点:420mm,

297mm。内图框属性为起点：5mm，5mm 终点：415mm，292mm。

使用同样的方法，设置外图框大小，设置结果如图 7-60 所示。

图 7-59 "属性（长方形）"对话框

图 7-60 图框大小

4. 绘制标题栏

标题栏是用来确定图纸的名称、图号、张次、更改和有关人员签署等内容，位于图纸的下方或右下方，也可放在其他位置。图纸的说明、符号均应以标题栏的文字方向为准。

我国没有统一规定标题栏的格式，通常标题栏格式包含内容有设计单位、工程名称、项目名称、图名、图别、图号等。

1）选择菜单栏中的"插入"→"窗口宏/符号宏"命令，或按【M】键，系统将弹出如图 7-61 所示的宏"选择宏"对话框，在目录下选择创建的"NTL.ema"宏文件。

图 7-61　"选择宏"对话框

2）单击"打开"命令，此时光标变成交叉形状并附加选择的宏符号，如图 7-62 所示，将光标移动到想要插入宏的位置上，在原理图中单击鼠标左键确定插入标题栏，右键选择"取消操作"命令或按【Esc】键即可退出该操作，将标题栏插入图框的右下角，如图 7-63 所示。

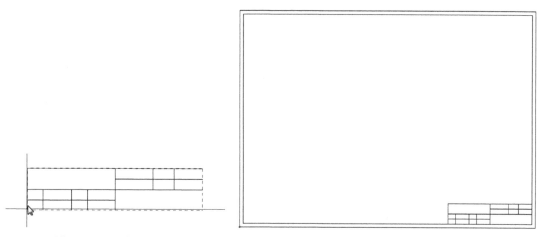

图 7-62　显示标题栏符号　　　　　　　　图 7-63　插入标题栏

3）选择菜单栏中的"插入"→"特殊文本"→"页属性"命令，弹出"属性（特殊文本）：页属性"对话框，如图 7-64 所示，单击 ⃞ 按钮，弹出"属性选择"对话框，选择"页号"，如图 7-65 所示，单击"确定"按钮，返回"属性（特殊文本）：页属性"对话框，显示加载的属性。单击"确定"按钮，完成设置，关闭对话框，这时光标变成十字形状并附带属性符号，移动光标到需要放置属性的位置处，单击鼠标左键，完成当前属性放置，如图 7-66 所示。

图 7-64 "属性（特殊文本）：页属性" 对话框

图 7-65 "属性选择" 对话框

图 7-66　放置页号

使用同样的方法，在标题栏中放置"页名（完整）"属性，至此，新图框绘制完成，结果如图 7-67 所示。

图 7-67　绘制新图框

第8章 原理图中的高级操作

素养目标

➢ 提高读者的职业素养，培养良好的职业习惯

➢ 培养认真细致的工作作风和精益求精的工匠精神

技能目标

➢ 学会工具的使用方法

➢ 掌握原理图的查错与编译方法

➢ 掌握结构盒与黑盒的使用方法

项目导读

学习了原理图绘制的方法和技巧后，还需要对原理图进行必要的查错和编译等后续操作，这样才是一个完整的电路设计过程。通过本章及前几章的学习，可使读者系统地学习基本电路的绘制流程，对后面高级电路的学习也有很大帮助。

8.1 工具的使用

原理图中提供了一些高级工具的操作方法，掌握了这些工具的使用，将使用户的电路设计更加得心应手。

8.1.1 批量插入电气元件和导线节点

在当前电气设计领域，EPLAN 是最佳的电气制图辅助制图软件，其功能相当强大，在其他的电气制图软件上，元件、导线需要一个个地添加，在 EPLAN 上，在一张图纸上可以一次性添加同类元件或导线。

1. 批量插入元件

选择菜单栏中的"插入"→"符号"命令，系统将弹出如图 8-1 所示的"符号选择"对话框，打开"树"选项卡，在该选项卡中用户选择需要的元件符号。

完成元件选择后，单击"确定"按钮，关闭对话框，这时鼠标变成交叉字形状，并带有一个元件符号。

移动光标到需要放置元件的水平或垂直位置，元件符号自动添加连接，如图 8-2a 所示，按住鼠标左键向一侧拖动，在其他位置自动添加该符号，如图 8-2b 所示，松开鼠标左键即可完成放置，如图 8-2c 所示。此时鼠标仍处于放置元件的状态，重复操作即可放置其他的元件。

图 8-1　"符号选择"对话框

图 8-2　放置多个元件

2. 批量插入导线节点

选择菜单栏中的"插入"→"连接符号"→"角（右下）"命令，此时光标变成交叉形状并附加一个角符号。

　　将光标移动到想要完成电气连接的元件水平或垂直位置上，出现红色的连接符号表示电气连接成功，如图 8-3a 所示，按住鼠标左键向一侧拖动，在其他位置自动添加该连接符号，如图 8-3b 所示，松开鼠标左键即可完成放置，如图 8-3c 所示。此时鼠标仍处于放置角连接的状态，重复操作即可放置其他的角连接。

　　还可以添加其他符号，包括端子排、中断点符号等，步骤相同，这里不再赘述。

图 8-3　放置多个节点

8.1.2　文本固定

　　原理图中元件默认是固定的，元件的固定是指将元件符号与属性文本锁定，进行移动操作时同时进行。已经固定的元件符号与元件属性文本可同时进行复制、粘贴及连线操作。若在原理图绘制过程中出现压线、叠字等情况，则需要文本移动，下面讲解具体方法。

　　1．坐标移动

　　在电路原理图上选取需要文本取消固定的单个或多个元件，选择菜单栏中的"编辑"→"属性"命令，弹出属性对话框，打开"显示"选项卡，显示"位置"选项下 X 坐标、Y 坐标为灰色，无法修改移动。

　　在"属性排列"下选中"功能文本"选项，单击鼠标右键选择"取消固定"命令，在"功能文本"项显示取消固定符号，在右边的属性框中"位置"下激活"X 坐标""Y 坐标"，调整 X 和 Y 轴坐标，如图 8-4 所示。

　　2．直接移动

　　选中元件，则选中元件符号和元件文本，如图 8-5 所示，单击鼠标右键，选择"文本"→"移动属性文本"命令，激活属性文本移动命令，单击需要移动的属性文本，将其放置到任意位置。

　　使用同样的方法也可解除关联参考与元件的固定，任意移动位置。

图 8-4　"功能文本"选项

图 8-5　移动属性文本

8.2　原理图的查错及编译

EPLAN 和其他的软件一样提供有电气检测功能，可以对原理图的电气连接特性进行自动检查，检查后的错误信息将在"信息管理"对话框中列出，同时也在原理图中标注出来，用户可以对检测规则进行设置，然后根据对话框中所列出的错误信息对原理图进行修改。

8.2.1　运行检查

选择菜单栏中的"项目数据"→"消息"→"执行项目检查"命令，弹出"执行项目检查"对话框，如图 8-6 所示，在"设置"下拉列表中显示设置的检查标准，单击─按钮，在该对话框中设置所有与项目有关的选项，如图 8-7 所示。

图 8-6　"执行项目检查"对话框

图 8-7　设置的检查标准

单击"确定"按钮，自定义进行检测。

8.2.2　检测结果

由于原理图的自动检测机制只是按照用户所绘制原理图中的连接进行检测，系统并不知道原理图到底要设计成什么样子，所以如果检测后的"信息管理"对话框中并无错误信息出现，这并不表示该原理图的设计完全正确。用户还需将所要求的设计反复对照和修改，直到完全正确为止。

选择菜单栏中的"项目数据"→"消息"→"管理"命令，弹出"消息管理"对话框，如图 8-8 所示，显示系统的自动检测结果。

图 8-8　编译后的"消息管理"对话框

8.3　黑盒设备

由于某些电子设备的引脚非常特殊，或者设计人员使用了一种最新的电子设备，在电气标准中没有对应的电气符号，这时一般都会使用黑盒加设备连接点来表示设备的外形轮廓，如触摸屏、多功能仪表等设备，如图 8-9 所示。

图 8-9　黑盒设备

黑盒设备之间也是借助于设备连接点进行连接的，也可以使用导线完成连接。

8.3.1　黑盒

黑盒是由图形元素构成，代表物理上存在的设备。默认的黑盒是长方形，也可使用多边形。

1．插入黑盒

选择菜单栏中的"插入"→"盒子连接点/连接板/安装板"→"黑盒"命令，此时光标变成十字形状并附加一个黑盒符号🐾。

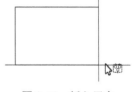

图 8-10　插入黑盒

将光标移动到想要插入黑盒的位置，单击确定黑盒的一个顶点，移动光标到合适的位置再一次单击确定其对角顶点，即可完成黑盒的插入，如图 8-10 所示。此时光标仍处于插入黑盒的状态，重复上述操作可以继续插入其他的黑盒。黑盒插入完毕，按【Esc】键即可退出该操作。

2．设置黑盒的属性

在插入黑盒的过程中，用户可以对黑盒的属性进行设置。双击黑盒或在插入黑盒后，弹出如图 8-11 所示的黑盒属性设置对话框，在该对话框中可以对黑盒的属性进行设置，在"显示设备标识符"中输入黑盒的编号。

图 8-11　黑盒属性设置对话框

　　打开"符号数据/功能数据"选项卡，在"符号数据"下显示选择的图形符号预览图，如图 8-12 所示，在"编号/名称"栏后单击 按钮，弹出"符号选择"对话框，如图 8-13 所示，选择黑盒图形符号。

图 8-12 "符号数据/功能数据"选项卡

图 8-13 "符号选择"对话框

打开"格式"选项卡,在"属性—分配"列表中显示黑盒图形符号——长方形的起点、终点、宽度、高度与角度;还可设置长方形的线型、线宽、颜色等参数,如图 8-14 所示。

图 8-14　"格式"选项卡

8.3.2　设备连接点

设备连接点的符号看起来像端子符号,但却有不同,使用设备连接点,这些点不会被 BOM 统计而端子会被统计,设备连接点不会被生成端子表而端子会。设备连接点通常指电子设备上的端子,如 Q401.2 指 Q401 的 2 端子。

设备连接点分两种,一种是单向连接,另一种是双向连接,如图 8-15 所示。单向连接的设备连接点有一个连接点,双向连接的设备连接点有两个连接点。

1. 插入设备连接点

选择菜单栏中的"插入"→"盒子/连接点/安装板"→"设备连接点"命令,此时光标变成十字形状并附加一个设备连接点符号 。

将光标移动到黑盒内需要插入设备连接点的位置,单击插入设备连接点,如图 8-16 所示,此时光标仍处于插入设备连接点的状态,重复上述操作可以继续插入其他的设备连接点。设备连接点插入完毕,按【Esc】键即可退出该操作。

图 8-15　设备连接点

图 8-16　插入设备连接点

2. 确定设备连接点方向

在光标处于放置设备连接点的状态时按【Tab】键，旋转设备连接点符号，变换设备连接点模式。

3. 设置设备连接点的属性

在插入设备连接点的过程中，用户可以对设备连接点的属性进行设置。双击设备连接点或在插入设备连接点后，弹出如图 8-17 所示的设备连接点属性设置对话框，在该对话框中可以对设备连接点的属性进行设置。

图 8-17　设备连接点属性设置对话框

如果一个黑盒设备中用同名的连接点号，可以通过属性"Plug DT"进行区分，让这些连接点分属不同的插头。

8.3.3　黑盒的逻辑定义

制作完的黑盒仅描述了一个设备的图形化信息，故还需要添加逻辑信息。

双击黑盒，弹出黑盒属性设置对话框，在该对话框中打开"符号数据/功能数据"选项卡，在"功能数据"下显示重新定义黑盒描述的设备。

在"定义"文本框后单击 按钮，弹出"功能定义"对话框，选择重新定义的设备所在类别，如图 8-18 所示，完成选择后，单击"确定"按钮，返回对话框，在"类别""组""描述"栏后显示新设备类别，如图 8-19 所示。

图 8-18　"功能定义"对话框

图 8-19　设备逻辑属性定义

完成定义后的设备，重新打开属性设置对话框后，直接显示新设备名称，如图 8-20 所示。

图 8-20 设备属性设置对话框

8.3.4 实例——热交换器

8.3.4 实例——
热交换器

本例绘制 SK 3209.110 空气/水热交换器，网络节点上话务承载装置、交换机、控制以及信令设备。网络交换机（又称网络交换器），是一个扩大网络的器材，与其他要互连的功能单元根据单个用户的请求连接起来。交换机能把用户线路、电信电路连接起来，能为子网络提供更多的连接端口，以便连接更多的计算机。

打开项目文件"Auto Production Line.elk"中的"R01（热床站电机电路）+ A2（热床 2 站）"。

1. 插入黑盒

选择菜单栏中的"插入"→"盒子连接点/连接板/安装板"→"黑盒"命令，此时光标变成十字形状并附加一个黑盒符号🔳。

将光标移动到想要插入黑盒的位置，单击确定黑盒的一个顶点，移动光标到合适的位置再一次单击确定其对角顶点，即可完成黑盒的插入。

弹出黑盒属性设置对话框，在"显示设备标识符"中输入黑盒的编号 U1，在"技术参数"中输入"2.5kW"，在"功能文本"中输入"最大电流可达 3000A"，如图 8-21 所示。

图 8-21　黑盒属性设置对话框

此时光标仍处于插入黑盒的状态，重复上述操作可以继续插入其他的黑盒。黑盒插入完毕，按【Esc】键即可退出该操作，显示如图 8-22 所示的黑盒。

图 8-22　插入黑盒

2. 插入设备连接点

选择菜单栏中的"插入"→"盒子/连接点/安装板"→"设备连接点"命令，此时光标变成十字形状并附加一个设备连接点符号 。

将光标移动到黑盒内需要插入设备连接点的位置，单击插入设备连接点，弹出如

图 8-23 所示的设备连接点属性设置对话框，在该对话框中可以对设备连接点的属性进行设置。

图 8-23　设备连接点属性设置对话框

此时光标仍处于插入设备连接点的状态，重复上述操作可以继续插入其他的设备连接点。设备连接点插入完毕，按【Esc】键即可退出该操作，如图 8-24 所示。

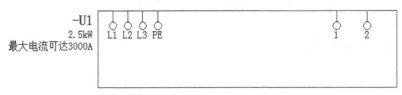

图 8-24　插入设备连接点

3. 放置图片

选择菜单栏中的"插入"→"图形"→"图片文件"命令，弹出"选取图片文件"对话框，如图 8-25 所示。

图 8-25　选择图片

选择图片后，单击"打开"按钮，弹出"复制图片文件"对话框，如图 8-26 所示，单击"确定"按钮。

光标变成十字形状并附带图片符号，并附有一个矩形框。移动光标到指定位置，单击鼠标左键，确定矩形框的位置，移动鼠标可改变矩形框的大小，在合适位置再次单击鼠标左键确定另一顶点，弹出"属性（图片文件）"对话框，如图 8-27 所示。完成属性设置后，单击即可将图片添加到原理图中，如图 8-28 所示。

图 8-26　"复制图片文件"对话框

图 8-27　"属性（图片文件）"对话框

图 8-28　放置图片

框选绘制的元件符号，选择菜单栏中的"编辑"→"其它"→"组合"命令，将元件组合成一个整体。

8.4　结构盒

结构盒并非黑盒，两者只是图形属性相同，同时标准线型符合结构盒的标准。结构盒并非设备，而是一个组合，仅向设计者指明其归属于原理图中一个特定的位置。也可以理解为，结构盒是设备上的元件与安装盒的结合体，在 EPLAN 中，使用结构盒在图纸上表现出来。

8.4.1　插入结构盒

结构盒可以具有一个设备标识符，但结构盒并非设备。结构盒不可能具有部件编号。在确定完整的设备标识符时，如同处理黑盒中的元件一样来处理结构盒中的元件。也就是说，当结构盒的大小改变时，或在移动元件或结构盒时，将重新计算结构盒内元件的项目层结构。

选择菜单栏中的"插入"→"盒子连接点/连接板/安装板"→"结构盒"命令，此时光标变成十字形状并附加一个结构盒符号。

将光标移动到想要插入结构盒的位置，单击确定结构盒的一个顶点，移动光标到合适的位置再一次单击确定其对角顶点，即可完成结构盒的插入，如图 8-29 所示。此时光标仍处于插入结构盒的状态，重复上述操作可以继续插入其他的结构盒。结构盒插入完毕，按【Esc】键即可退出该操作。

图 8-29　插入结构盒

8.4.2　设置结构盒的属性

在插入结构盒的过程中，用户可以对结构盒的属性进行设置。双击结构盒或在插入结构盒后，弹出如图 8-30 所示的结构盒属性设置对话框，在该对话框中可以对结构盒的属性进行设置，在"显示设备标识符"中输入结构盒的编号。

图 8-30　结构盒属性设置对话框

打开"符号数据"选项卡，在"符号数据"下显示选择的图形符号预览图，如图 8-31 所示，在"编号/名称"栏后单击 ⋯ 按钮，弹出"符号选择"对话框，如图 8-32 所示，选择结构盒图形符号。

图 8-31　"符号数据"选项卡

图 8-32 "符号选择"对话框

打开"格式"选项卡，在"属性—分配"列表中显示结构盒图形符号——长方形的起点、终点、宽度、高度与角度；还可设置长方形的线型、线宽、颜色等参数，如图 8-33 所示。

图 8-33 "格式"选项卡

8.5　关联参考

关联参考是一种表示 EPLAN 符号元件主功能与辅助功能之间逻辑和视图的连接，可快速在大量页中准确查找某一特定元件或信息。搜索信息至少要包含所查找的页名，另外，它还可包含用于页内定位的列说明和用于其他定位的行说明。

EPLAN 在插入设备、触点和中断点时自动在线生成关联参考，成对关联参考可通过设置实现关联。图框的类型、项目级的设置和个体设备的设置决定了关联参考的显示。

8.5.1　关联参考设置

图框的行与列的划分是项目中各元件间关联参考的基础，关联参考可根据行列划分的水平单元与处置单元进行不同方式的编号。

选择菜单栏中的"选项"→"设置"命令，弹出"设置"对话框，选择"项目"→"当前项目"→"关联参考/触点映像"选项，显示多线和单线、总览等多种表达类型之间的关联参考，如图 8-34 所示。

打开"显示"选项卡，在该项目中，包括多线原理图中设备主功能的多线表达、关联其他所有多线表达、同时关联总览表达、关联拓扑表达，如果存在单线图，在设备主功能的多线表达中，不显示单线的关联参考。默认在单线表达中，添加多线的关联参考，方便在设计和看图时候更加容易快速理解图纸。

图 8-34　"关联参考/触点映像"选项

8.5.2　成对的关联参考

在 EPLAN 中成对的关联参考是为了更好地表达图纸而出现的，请读者注意成对关联参考在设备导航器中的图标，以及在图纸中的颜色区分。在生成报表时候，成对的关联参考对图纸逻辑没有影响。

成对的关联参考通常用来表示原理图上的电动机过载保护器或断路器辅助触点和主功能的关系。

1. 选项设置

打开"常规"选项卡，设置关联参考的常规属性，包括显示形式、分隔符、触点映像表、前缀等。如图 8-35 所示。

1）在"显示"选项组下控制触点映像的排列数量及映像表的文字。显示关联参考"按行"或"按列"编号，默认"每行/每列的数量"为 1。

2）在"分隔符"选项组下显示关联参考的分隔符，其中，在页号前用"/"分隔，在页和列之间用"."分隔，在行和列之间用":"分隔。

3）在"触点映像表"选项组下显示触点映像的标签与宽度/高度。

4）在"关联参考的前缀"选项组下设置关联参考前缀显示完整设备标识符、关联参考前缀的分隔符等信息。

图 8-35　"常规"选项卡

2．创建成对关联参考

在图 8-36 中的线圈 K1 右侧放置关联参考开关 K1，双击开关 K1，弹出属性设置对话框，在"常开触点"选项卡下，设置"显示设备标识符"文本框中输入为空，取消"主功能"复选框的勾选，如图 8-37 所示。打开"符号数据/功能数据"选项卡，在"表达类型"下拉列表中选择"成对关联参考"选项，如图 8-38 所示。完成设置后，原理图中的成对关联参考开关 K1 变为黄色，与线圈 K1 生成关联参考，如图 8-39 所示，选中其中之一，按下【F】键，切换两个元件。

图 8-36　放置开关 K1

图 8-37　"常开触点"选项卡

图 8-38　"符号数据/功能数据"选项卡　　　　　图 8-39　成对关联参考

8.6　坐标

在原理图编辑环境中，系统提供了一个坐标系，它以图纸的左下角为坐标原点，用户也可以根据需要建立自己的坐标系。

8.6.1　基点

EPLAN 中的基点如同其他制图软件中坐标系的原点（0，0）。在进行 2D 或 3D 安装板布局时，需要准确定位 （比如"直接坐标输入"功能），此时输入的坐标值就是相对于基点的绝对坐标值。

选择菜单栏中的"选项"→"移动基点"命令，激活移动基点，临时地改变基点的位置。执行此命令后，光标变成十字形状并附加一个移动基点符号❤，将光标移到要设置成原点的位置单击即可，如图 8-40 所示。

图 8-40　移动基点

若要恢复为原来的坐标系，选择菜单栏中的"选项"→"移动基点"命令，取消移动基点操作。

提示:

EPLAN 中的坐标系统，编辑电气原理图时，"电气工程"坐标的基点是在图框左上角；编辑图框表格时，"图形"坐标的基点在左下角。

8.6.2　坐标位置

状态栏中会显示光标的坐标，不同的坐标系下显示不同的坐标值。

1. 绝对坐标

选择菜单栏中的"选项"→"输入坐标"命令，系统弹出"输入坐标"对话框，如图 8-41 所示，在"坐标系"选项组下选择不同工程下的坐标系，在"当前光标位置"选项组下输入 X、Y 轴新坐标，输入新坐标后，将光标点位置从旧坐标点移动至新坐标点。

图 8-41　"输入坐标"对话框

2. 相对坐标

选择菜单栏中的"选项"→"输入相对坐标"命令，系统弹出"输入相对坐标"对话框，如图 8-42 所示，在"间隔"选项组下输入坐标点在 X、Y 轴移动的数据。

图 8-42　"输入相对坐标"对话框

8.6.3　实例——绘制开关符号

选择菜单栏中的"插入"→"图形"→"直线"命令，这时光标变成十字形状并附带直线符号。

8.6.3　实例——
绘制开关符号

1. 绘制第一条直线

在绘图区中，单击鼠标右键，弹出快捷菜单，如图 8-43 所示，从中选择"选项"→"输入坐标"命令，系统弹出"输入坐标"对话框，输入起点坐标（32,29），如图 8-44 所示，单击"确定"按钮，关闭对话框，确定起点，如图 8-45 所示。

图 8-43　快捷菜单

图 8-44　"输入坐标"对话框

图 8-45　捕捉起点

完成起点确认后，光标随之移动，如图 8-46 所示，显示变化坐标的坐标信息。选择快捷菜单中的"选项"→"输入相对坐标"命令，系统弹出"输入相对坐标"对话框，输入第二点相对第一点移动坐标（1,0），如图 8-47 所示，单击"确定"按钮，关闭对话框，完成第一条直线的绘制，如图 8-48 所示。

图 8-46　移动光标

图 8-47　"输入相对坐标"对话框

图 8-48　第一条直线

2. 绘制第二条直线

此时鼠标仍处于绘制直线的状态，捕捉第一条直线的终点作为第二条直线的起点，选择快捷菜单中的"选项"→"输入相对坐标"命令，系统弹出"输入相对坐标"对话框，输入第二点相对第一点移动坐标（2,-1），如图 8-49 所示，单击"确定"按钮，关闭对话框，确定终点，完成第二条直线的绘制，如图 8-50 所示。

图 8-49　"输入相对坐标"对话框

图 8-50　第二条直线

3. 绘制第三条直线

此时鼠标仍处于绘制直线的状态，选择快捷菜单中的"选项"→"输入坐标"命令，系统弹出"输入坐标"对话框，输入起点坐标（34,29），如图 8-51 所示，单击"确定"按钮，关闭对话框，在原理图中确定起点。

图 8-51　"输入坐标"对话框

完成起点确认后，光标随之移动，选择快捷菜单中的"选项"→"输入相对坐标"命令，系统弹出"输入相对坐标"对话框，输入第二点相对第一点移动坐标（2,0），如图 8-52 所示，单击"确定"按钮，关闭对话框，确定终点，完成第三条直线的绘制，如图 8-53 所示。

图 8-52　"输入相对坐标"对话框

图 8-53　第三条直线

8.6.4　增量

增量表示最小的增长单位，X、Y 轴增长最小默认为 1。

选择菜单栏中的"选项"→"增量"命令，系统弹出"选择增量"对话框，在"当前增量"选项下显示 X、Y 轴增长最小默认值，如图 8-54 所示。

图 8-54 "选择增量"对话框

8.7 操作实例——车床控制系统电路

8.7 操作实例——车床控制系统电路

CA1640 型普通车床是我国自行设计制造的一种普通车床，车床最大工件回转半径为 160mm，最大工件长度为 500mm。CA1640 型车床电气控制电路包括主电路、控制电路及照明电路，如图 8-55 所示。从电源到三台电动机的电路称为主电路，这部分电路中通过的电流大；由接触器、继电器组成的电路称为控制电路，采用 110V 电源供电；照明电路中指示灯电压为 6V，照明灯的电压为 24V 安全电压。

图 8-55 车床控制系统电路原理图

8.7.1 设置绘图环境～8.7.2 绘制主电路

8.7.1 设置绘图环境

1. 创建项目

选择菜单栏中的"项目"→"新建"命令，弹出如图 8-56 所示的对话框，在"项目名称"文本框下输入创建新的项目名称"Lathe control system",在"保存位置"文本框下选择项目文件的路径,在"基本项目"下拉列表中选择默认国家标准项目模板"IEC_bas001.zw9"。

单击"确定"按钮,显示项目创建进度对话框,如图 8-57 所示,进度条完成后,弹出"项目属性"对话框,显示当前项目的图纸的参数属性。默认"属性名-数值"列表中的参数,如图 8-58 所示,单击"确定"按钮,关闭对话框,删除默认添加的"=CA1+EAA/1"图纸页文件,在"页"导航器中显示创建的空白新项目"Lathe control system.elk",如图 8-59 所示。

图 8-56　"创建项目"对话框

图 8-57　项目创建进度对话框

图 8-58　"项目属性"对话框

图 8-59　空白新项目

2. 图页的创建

在"页"导航器中选中项目名称"Lathe control system.elk",选择菜单栏中的"页"→"新建"命令,或在"页"导航器中选中项目名称上单击右键,选择"新建"命令,弹出如图 8-60 所示的"新建页"对话框。

图 8-60 "新建页"对话框

在该对话框中"完整页名"文本框内输入电路图页名称，默认名称为"/1"，在"页类型"下拉列表中选择"多线原理图（交互式）"，"页描述"文本框输入图纸描述"CA6140 车床电气控制电路原理图"，在"属性名-数值"列表中默认显示图纸的表格名称、创建者、图纸比例与栅格大小。在"属性"列表中单击"新建"按钮 +，弹出"属性选择"对话框，选择"创建者的特别注释"属性，如图 8-61 所示，单击"确定"按钮，在添加的属性"创建者的特别注释"栏的"数值"列输入"三维书屋"，完成设置的对话框如图 8-62 所示。

图 8-61 "属性选择"对话框

单击"确定"按钮，在"页"导航器中创建原理图页 1。在"页"导航器中显示添加原理图页结果，如图 8-63 所示。

图 8-62　"新建页"对话框　　　　　　　　图 8-63　新建图页文件

8.7.2　绘制主电路

主电路有 3 台电动机：M1 为主轴电动机，拖动主轴带着工件旋转，并通过进给运动链实现车床刀架的进给运动；M2 为冷却泵电动机，拖动冷却泵输出冷却液；M3 为溜板与刀架快速移动电动机，拖动溜板实现快速移动。

1.　插入电机元件

选择菜单栏中的"插入"→"符号"命令，弹出如图 8-64 所示的"符号选择"对话框，选择需要的元件——电机，完成元件选择后，单击"确定"按钮，原理图中在光标上显示浮动的元件符号，选择需要放置的位置，单击鼠标左键，元件被放置在原理图中，自动弹出"属性（元件）：常规设备"对话框，输入设备标识符 M1，如图 8-65 所示。

图 8-64　"符号选择"对话框

图 8-65　"属性（元件）：常规设备"对话框

打开"部件"选项卡，单击 ┅ 按钮，弹出"部件选择"对话框，如图 8-66 所示，选择电机设备部件，部件编号为"SEW.DRN90L4/FE/TH"，添加部件后如图 8-67 所示。单击"确定"按钮，关闭对话框，放置 M1。使用同样方法放置电机元件 M2，部件编号为"SEW.DRN90L4/FE/TH"；放置电机元件 M3，部件编号为"SEW.K19DRS71M4/TF"，结果如图 8-68 所示。同时，在"设备"导航器中显示新添加的电机元件 M1、M2、M3，如图 8-69 所示。

图 8-66　"部件选择"对话框

图 8-67 添加部件

图 8-68 放置电机元件

图 8-69 显示放置的元件

2. 插入过载保护热继电器元件

选择菜单栏中的"插入"→"符号"命令，弹出如图 8-70 所示的"符号选择"对话框，选择需要的元件——热过载继电器，单击"确定"按钮，关闭对话框。

图 8-70　选择元件符号

这时光标变成十字形状并附加一个交叉记号，将光标移动到原理图电动机元件的垂直上方位置，单击完成元件符号插入，元件被放置在原理图中，自动弹出"属性（元件）：常规设备"对话框，输入设备标识符 FR1，完成属性设置后，单击"确定"按钮，关闭对话框，显示放置在原理图中的与电机元件 M1 自动连接的热过载继电器元件 FR1，此时鼠标仍处于放置熔断器元件符号的状态，使用同样的方法，插入热过载继电器 FR2，右键选择"取消操作"命令或按【Esc】键即可退出该操作，如图 8-71 所示。

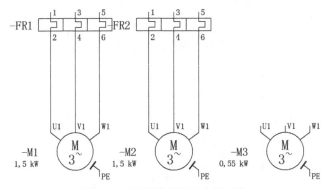

图 8-71　放置热过载继电器元件

3. 插入接触器常开触点

选择菜单栏中的"插入"→"符号"命令，弹出如图 8-72 所示的"符号选择"对话框，选择需要的元件——常开触点，单击"确定"按钮，关闭对话框。

图 8-72 选择元件符号

这时光标变成十字形状并附加一个交叉记号，单击将元件符号插入原理图中，自动弹出"属性（元件）：常规设备"对话框，输入设备标识符 KM1，如图 8-73 所示，完成属性设置后，单击"确定"按钮，关闭对话框，显示放置在原理图中的与热过载继电器元件 FR1 自动连接的常开触点 KM1 的 1、2 连接点。

图 8-73 常开触点"属性（元件）：常规设备"对话框 1

此时鼠标仍处于放置常开触点元件符号的状态，继续插入 KM1 常开触点，自动弹出"属性（元件）：常规设备"对话框，输入设备标识符为空，连接点代号为"3¶4"，如图 8-74 所示，插入常开触点 KM1 的 3、4 连接点，使用同样的方法，继续插入 KM1 常开触点的 5、6 连接点，右键选择"取消操作"命令或按【Esc】键即可退出该操作，如图 8-75 所示。

图 8-74 常开触点"属性（元件）：常规设备"对话框 2

图 8-75 放置接触器常开触点 KM1

4. 插入中间继电器

选择菜单栏中的"插入"→"设备"命令，弹出如图 8-76 所示的"部件选择"对话框，选择需要的设备——接触器，设备编号为"SIE.3RT2015-1BB41-1AA0"，单击"确定"按钮，单击鼠标左键放置元件，如图 8-77 所示。

图 8-76 "部件选择"对话框

图 8-77 放置继电器

　　双击继电器线圈 K1，弹出"属性（元件）：常规设备"对话框，输入设备标识符-KA1，如图 8-78 所示。中间继电器线圈 KA1 放置在一侧，用于后面控制电路的绘制。

图 8-78　继电器线圈"属性（元件）：常规设备"对话框

　　双击继电器主触点，弹出"属性（元件）：常规设备"对话框，输入设备标识符 KA1，如图 8-79 所示。

图 8-79　继电器主触点"属性（元件）：常规设备"对话框

将继电器 KA1 主触点放置到 M2、M3 上，如图 8-80 所示。

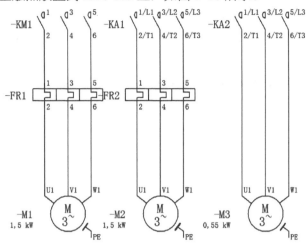

图 8-80　放置继电器 KA1 主触点

至此，完成主电路绘制。

8.7.3　绘制控制电路

8.7.3　绘制控制
电路

控制电路中控制变压器 TC 二次侧输出 110V 电压作为控制回路的电源，SB2 作为主轴电动机 M1 的起动按钮，SB1 为主轴电动机 M1 的停止按钮，SB3 为快速移动电动机 M3 的点动按钮，手动开关 QS2 为冷却泵电动机 M2 的控制开关。

1. 插入变压器

选择菜单栏中的"插入"→"符号"命令，弹出如图 8-81 所示的"符号选择"对话框，

图 8-81　"符号选择"对话框

选择需要的元件——变压器，完成元件选择后，单击"确定"按钮，原理图中在光标上显示浮动的元件符号，选择需要放置的位置，单击鼠标左键，在原理图中放置元件，自动弹出"属性（元件）：常规设备"对话框，如图8-82所示，输入设备标识符TC，单击"确定"按钮，完成设置，元件放置结果如图8-83所示。

图8-82　变压器"属性（元件）：常规设备"对话框

图8-83　放置变压器元件

2. 插入熔断器

选择菜单栏中的"插入"→"符号"命令，弹出如图8-84所示的"符号选择"对话框，选择需要的元件——熔断器，完成元件选择后，单击"确定"按钮，原理图中在光标上显示浮动的元件符号，选择需要放置的位置，单击鼠标左键，在原理图中放置熔断器，自动弹出"属性（元件）：常规设备"对话框，输入设备标识符FU2，单击"确定"按钮，完成设置。此时鼠标仍处于放置熔断器的状态，继续插入熔断器FU3、FU4，结果如图8-85所示。

图8-85中出现文字与图形叠加的情况，选中叠加的元件，单击鼠标右键选择"文本"→"移动属性文本"命令，激活属性文移动命令，单击需要移动的属性文本，将其放置到元件一侧，结果如图8-86所示。

图 8-84　"符号选择"对话框

图 8-85　放置熔断器　　　　　　图 8-86　移动文本

提示：

在原理图绘制过程中再次出现叠加、压线的情况，同样采取此种方法，书中不再一一介绍步骤。

3. 插入保护热继电器常闭触点

选择菜单栏中的"插入"→"符号"命令，弹出如图 8-87 所示的"符号选择"对话框，选择需要的元件——常闭触点，完成元件选择后，单击"确定"按钮，原理图中在光标上显示浮动的元件符号，选择需要放置的位置，单击鼠标左键，在原理图中放置常闭触点，自动弹出"属性（元件）：常规设备"对话框，输入设备标识符 FR1，单击"确定"按钮，完成设置，常闭触点放置结果如图 8-88 所示。

图 8-87 "符号选择"对话框

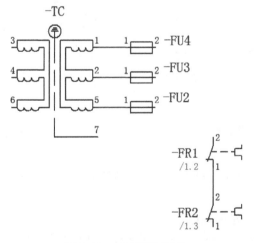

图 8-88 放置常闭触点

4. 添加连接节点

选择菜单栏中的"插入"→"连接符号"→"角（左下）"命令，放置角，结果如图 8-89 所示。放置完毕，右键选择"取消操作"命令或按【Esc】键即可退出该操作。

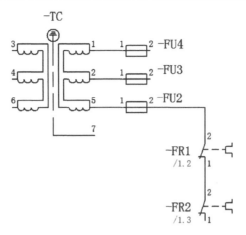

图 8-89　角连接

5. 插入开关/按钮

选择菜单栏中的"插入"→"符号"命令，弹出如图 8-90 所示的"符号选择"对话框，选择需要的开关/按钮，在原理图中放置 SB1、SB2、SB3、KM1、QS2，放置结果如图 8-91 所示。

图 8-90　"符号选择"对话框

复制中间继电器 KA1 的线圈，利用节点连接与角连接，与开关按钮进行连接，结果如图 8-92 所示。

图 8-91 放置开关/按钮

图 8-92 绘制控制电路

至此，完成控制电路绘制。

8.7.4 绘制照明电路

机床照明电路由控制变压器 TC 供给交流 24V 安全电压，并由手控开关 SA 直接控制照明灯 EL；机床电源信号灯 HL 由控制变压器 TC 供给 6V 电压，当机床引入电源后点亮，提醒操作员机床已带电，要注意安全。

8.7.4 绘制照明电路～8.7.5 绘制辅助电路

选择菜单栏中的"插入"→"设备"命令，弹出如图 8-93 所示的"部件选择"对话框，选择需要的设备——信号灯，设备编号为"SIE.3SU1001-6AA50-0AA0"，单击"确定"按钮，单击鼠标左键放置元件，如图 8-94 所示。

图 8-93　"部件选择"对话框

图 8-94　放置信号灯

选择手控开关 QS，选择菜单栏中的"编辑"→"复制"命令，选择菜单栏中的"编辑"→"粘贴"命令，粘贴手控开关，修改设备标识符为 SA，结果如图 8-95 所示。

图 8-95　粘贴手控开关 SA

利用节点连接与角连接，连接控制电路与照明电路原理图，结果如图 8-96 所示。

图 8-96　照明电路

至此，完成照明电路的绘制。

8.7.5　绘制辅助电路

控制电路、信号电路、照明电路均没有短路保护功能，分别由熔断器 FU2、FU3、FU4 实现。

1. 插入熔断器

选择菜单栏中的"插入"→"符号"命令，弹出如图 8-97 所示的"符号选择"对话框，选择需要的元件——熔断器，完成元件选择后，单击"确定"按钮，原理图中在光标上显示浮动的元件符号，选择需要放置的位置，单击鼠标左键，在原理图中放置熔断器，自动弹出"属性（元件）：常规设备"对话框，输入设备标识符 FU，单击"确定"按钮，完成设置。此时鼠标仍处于放置熔断器的状态，继续插入熔断器 FU1，结果如图 8-98 所示。

图 8-97　"符号选择"对话框

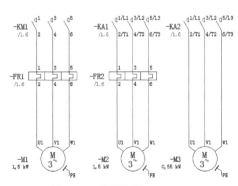

图 8-98　放置熔断器

2. 插入控制开关

选择菜单栏中的"插入"→"符号"命令，弹出如图 8-99 所示的"符号选择"对话框，选择需要的元件——开关，完成元件选择后，单击"确定"按钮，原理图中在光标上显示浮动的元件符号，选择需要放置的位置，单击鼠标左键，在原理图中放置开关，自动弹出"属性（元件）：常规设备"对话框，输入设备标识符 QS1，单击"确定"按钮，完成设置，结果如图 8-100 所示。

图 8-99　"符号选择"对话框

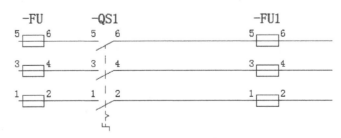

图 8-100　放置开关

3. 插入中断点

选择菜单栏中的"插入"→"连接符号"→"中断点"命令，插入中断点 L1、L2、L3，如图 8-101 所示。中断点插入完毕，右键选择"取消操作"命令或按【Esc】键即可退出该操作。

图 8-101　插入中断点

利用节点连接与角连接，连接控制电路与辅助电路原理图，结果如图 8-102 所示。

图 8-102　电路原理图

第9章 PLC设计

素养目标

➤ 注重培养工程分析能力，及时调整，合理改进

➤ 培养积极探索、迎难而上、培养坚持不懈的科学精神

技能目标

➤ 学会PLC的设置方法

➤ 掌握PLC的编址方法

项目导读

电气控制随着科学技术水平的不断提高及生产的工艺的不断完善而迅速发展。电气控制的发展经历了从最早的手动控制到自动控制，从简单控制设备到复杂控制系统。PLC控制系统由于其功能强大、简单易用，在机械、纺织、冶金、化工等行业应用越来越广泛。

在EPLAN中的数据交换支持新的PLC类型，按照规划，将来不同的软件、硬件、软硬件都能够进行数据的互联互通，它们之间的通信规范由OPC UA协议来完成。OPC Unified Architecture（OPC UA）是工业自动化领域的通信协议，由OPC基金会管理。

9.1 新建PLC

EPLAN中的PLC管理可以与不同的PLC配置程序进行数据交换，可以分开管理多个PLC系统，既可以为PLC连接点重新分配地址，又可以与不同的PLC配置程序交换总线系统和PLC控制系统的配置数据。

在原理图编辑环境中，有专门的PLC命令，如图9-1所示，EPLAN中使用PLC盒子和PLC连接点来表达PLC。

图9-1 PLC命令

9.1.1 创建PLC盒子

在原理图中绘制各种PLC盒子，描述PLC系统的硬件表达。

1. 插入PLC盒子

选择菜单栏中的"插入"→"盒子连接点/连接板/安装板"→"PLC盒子"命令，此时光标变成十字形状并附加一个PLC盒子符号 ■。

将光标移动到想要插入PLC盒子的位置上，移动光标，选择PLC盒子的插入点，单击确定PLC盒子的角点，再次单击确定另一个角点，确定插入PLC盒子，如图9-2所示。此时光标仍处于插入PLC盒子的状态，重复上述操作可以继续插入其他的PLC盒子。PLC盒子插入完毕，右键选择"取消操作"命令或按【Esc】键即可退出该操作。

图 9-2　插入 PLC 盒子

2. 设置 PLC 盒子的属性

在插入 PLC 盒子的过程中，用户可以对 PLC 盒子的属性进行设置。双击 PLC 盒子或在插入 PLC 盒子后，弹出如图 9-3 所示的 PLC 盒子属性设置对话框，在该对话框中可以对 PLC 盒子的属性进行设置。

图 9-3　PLC 盒子属性设置对话框

1）在"显示设备标识符"中输入 PLC 盒子的编号，PLC 盒子名称可以是信号的名称，也可以自定义。

2）打开"符号数据/功能数据"选项卡，如图 9-4 所示，显示 PLC 盒子的符号数据，在"编号/名称"文本框中显示 PLC 盒子编号名称，单击□按钮，弹出"符号选择"对话框，在符号库中重新选择 PLC 盒子符号，如图 9-5 所示，单击"确定"按钮，返回电缆属性设置对话框。显示选择名称后的 PLC 盒子，如图 9-6 所示。完成名称选择后的 PLC 盒子显示结果如图 9-7 所示。

图 9-4 "符号数据/功能数据"选项卡

图 9-5 "符号选择"对话框

图 9-6　设置 PLC 盒子编号

图 9-7　修改后的 PLC 盒子

3）打开"部件"选项卡，如图 9-8 所示，显示 PLC 盒子中已添加部件。在左侧"部件编号-件数/数量"列表中显示添加的部件。单击空白行"部件编号"中的 ⚏ 按钮，系统弹出如图 9-9 所示的"部件选择"对话框，在该对话框中显示部件管理库，可浏览所有部件信息，为元件符号选择正确的元件，结果如图 9-10 所示。

图 9-8 "部件"选项卡

图 9-9 "部件选择"对话框

图 9-10　选择部件

9.1.2　PLC 导航器

选择菜单栏中的"项目数据"→"PLC"→"导航器"命令，打开"PLC"导航器，如图 9-11 所示，包括"树"标签与"列表"标签。在"树"标签中包含项目所有 PLC 的信息，在"列表"标签中显示配置信息。

在选中的 PLC 盒子上单击鼠标右键，弹出如图 9-12 所示的快捷菜单，提供新建和修改 PLC 的功能。

图 9-11　"PLC"导航器

图 9-12　快捷菜单

1）选择"新建"命令，弹出"功能定义"对话框，如图 9-13 所示。选择 PLC 型号，创建一个新的 PLC，如图 9-14 所示，也可以选择一个相似的 PLC 执行复制命令，进行修改而达到新建 PLC 的目的。

图 9-13 "功能定义"对话框

2）直接将"PLC"导航器中的 PLC 连接点拖动到 PLC 盒子上，直接完成 PLC 连接点的放置，如图 9-15 所示。若需要插入多个连接点，选中第一个按【Shift】键并选中最后一个，拖住最后一个连接点放入原理图中即可。

图 9-14 新建 PLC

图 9-15 拖动导航器中的 PLC 连接点

9.1.3　PLC 连接点

通常情况下，PLC 连接点代号在每张卡中仅允许出现一次，而在 PLC 中可多次出现。如果附加通过插头名称区分 PLC 连接点，则连接点代号允许在一张卡中多次出现。连接点描述每个通道只允许出现一次，而每个卡可出现多次。卡电源可具有相同的连接点描述。

在实际设计中常用的 PLC 连接点有以下几种，如图 9-16 所示。

1）PLC 数字输入（DI）；

2）PLC 数字输出（DO）；

3）PLC 模拟输入（AI）；

4）PLC 模拟输出（AO）；

5）PLC 连接点：多功能（可编程的 IO 点）；

6）PLC 端口和网络连接点。

1. PLC 数字输入

选择菜单栏中的"插入"→"盒子连接点/连接板/安装板"→"PLC 连接点（数字输入）"命令，此时光标变成交叉形状并附加一个 PLC 连接点（数字输入）符号。将光标移动到 PLC 盒子边框上，移动光标，单击鼠标左键确定 PLC 连接点（数字输入）的位置，如图 9-17 所示。此时光标仍处于放置 PLC 连接点（数字输入）的状态，重复上述操作可以继续放置其他的 PLC 连接点（数字输入）。PLC 连接点（数字输入）放置完毕，右键选择"取消操作"命令或按【Esc】键即可退出该操作。

图 9-16　常用的 PLC 连接点

图 9-17　放置 PLC 连接点（数字输入）

在光标处于放置 PLC 连接点（数字输入）的状态时按【Tab】键，旋转 PLC 连接点（数字输入）符号，变换 PLC 连接点（数字输入）模式。

2. 设置 PLC 连接点（数字输入）的属性

在插入 PLC 连接点（数字输入）的过程中，用户可以对 PLC 连接点（数字输入）的属性进行设置。双击 PLC 连接点（数字输入）或在插入 PLC 连接点（数字输入）后，弹出如图 9-18 所示的 PLC 连接点（数字输入）属性设置对话框，在该对话框中可以对 PLC 连接点（数字输入）的属性进行设置。

图 9-18 PLC 连接点（数字输入）属性设置对话框

● 在"显示设备标识符"中输入 PLC 连接点（数字输入）的编号。单击 ⊡ 按钮，弹出
如图 9-19 所示的"设备标识符"对话框，在该对话框中选择 PLC 连接点（数字输
入）的标识符，完成选择后，单击"确定"按钮，关闭对话框，返回 PLC 连接点
（数字输入）属性设置对话框。

● 在"连接点代号"文本框中自动输入 PLC 连接点（数字输入）连接代号 1.1。

● 在"地址"文本框中自动显示地址 I0.0。其中，PLC（数字输入）地址以 I 开头，
PLC 连接点（数字输出）地址以 Q 开头，PLC 连接点（模拟输入）地址以 PIW 开
头，PLC 连接点（模拟输出）地址以 PQW 开头。

完成设置的 PLC 连接点（数字输入）如图 9-20 所示。PLC 连接点（数字输出）、PLC
连接点（模拟输入）、PLC 连接点（模拟输出）的插入方法与 PLC（数字输入）相同，这里
不再赘述。

图 9-19　"设备标识符"对话框

图 9-20　放置 PLC 连接点（数字输入）

9.1.4　PLC 电源和 PLC 卡电源

在 PLC 设计中，为避免传感器故障对 PLC 本体的影响，确保安全回路切断 PLC 输出端时，PLC 通信系统仍然能够正常工作，把 PLC 电源和通道电源分开供电。

1. PLC 卡电源

为 PLC 卡供电的电源称为 PLC 卡电源。

选择菜单栏中的"插入"→"盒子连接点/连接板/安装板"→"PLC 卡电源"命令，此时光标变成十字形状并附加一个 PLC 卡电源符号╬。

将光标移动到 PLC 盒子边框上，移动光标，单击鼠标左键确定 PLC 卡电源的位置，如图 9-21 所示。此时光标仍处于放置 PLC 卡电源的状态，重复上述操作可以继续放置其他的 PLC 卡电源。PLC 卡电源放置完毕，右键选择"取消操作"命令或按【Esc】键即可退出该操作。

图 9-21　放置 PLC 卡电源

在光标处于放置 PLC 卡电源的状态时按【Tab】键，旋转 PLC 卡电源符号，变换 PLC 卡电源模式。

2. 设置 PLC 卡电源的属性

在插入 PLC 卡电源的过程中，用户可以对 PLC 卡电源的属性进行设置。双击 PLC 卡电源或在插入 PLC 卡电源后，弹出如图 9-22 所示的 PLC 卡电源属性设置对话框，在该对话框中可以对 PLC 卡电源的属性进行设置。

图 9-22　PLC 卡电源属性设置对话框

● 在"显示设备标识符"中输入 PLC 卡电源的编号。

● 在"连接点代号"文本框中自动输入 PLC 卡电源连接代号。

● 在"连接点描述"文本框中输入 PLC 卡电源符号，例如：DC、L+、M。

结果如图 9-23 所示。

图 9-23　放置 PLC 卡电源

3. PLC 电源

为 PLC IO 通道供电的电源为 PLC 连接点电源。

选择菜单栏中的"插入"→"盒子连接点/连接板/安装板"→"PLC 连接点电源"命令,此时光标变成十字形状并附加一个 PLC 连接点电源符号⌐。

将光标移动到 PLC 盒子边框上,移动光标,单击鼠标左键确定 PLC 连接点电源的位置。此时光标仍处于放置 PLC 连接点电源的状态,重复上述操作可以继续放置其他的 PLC 连接点电源。PLC 连接点电源放置完毕,右键选择"取消操作"命令或按【Esc】键即可退出该操作。

在光标处于放置 PLC 连接点电源的状态时按【Tab】键,旋转 PLC 连接点电源符号,变换 PLC 连接点电源模式。

4. 设置 PLC 连接点电源的属性

在插入 PLC 连接点电源的过程中,用户可以对 PLC 连接点电源的属性进行设置。双击 PLC 连接点电源或在插入 PLC 连接点电源后,弹出如图 9-24 所示的 PLC 连接点电源属性设置对话框,在该对话框中可以对 PLC 连接点电源的属性进行设置。

● 在"显示设备标识符"中输入 PLC 连接点电源的编号。
● 在"连接点代号"文本框中自动输入 PLC 连接点电源接代号。
● 在"连接点描述"文本框中输入 PLC 连接点电源,例如:1M、2M。

结果如图 9-25 所示。

图 9-24 PLC 连接点电源属性设置对话框

图 9-25　放置 PLC 连接点电源

9.2　PLC 编址

EPLAN 中对 PLC 编址有三种方式：地址、符号地址和通道代号。在 PLC 的连接点及连接点电源的属性对话框中，可以随意编辑地址，对于 PLC 卡电源（CPS），地址是无法输入的。

9.2.1　设置 PLC 编址

选择菜单栏中的"选项"→ "设置" 命令，弹出"设置"对话框，选择"项目"→"项目名称"→"设备"→"PLC"选项，在"PLC 相关设置"下拉列表中选择系统预设的一些 PLC 的编址格式，如图 9-26 所示。单击 − 按钮，弹出"设置：PLC 相关"对话框，单击 + 按钮，添加特殊 PLC 的编址格式，如图 9-27 所示。

图 9-26　"PLC"选项

图 9-27　"设置：PLC 相关"对话框

9.2.2　PLC 编址流程

　　选择整个项目或者在"PLC"导航器中选择需要编址的 PLC，选择菜单栏中的"项目数据"→"PLC"→"编址"命令，弹出"重新确定 PLC 连接点地址"对话框，如图 9-28 所示。

图 9-28　"重新确定 PLC 连接点地址"对话框

在“PLC 相关设置”下选择建立的 PLC 地址格式，勾选“数字连接点”复选框，激活“数字起始地址”选项，输入起始地址的输入端与输出端。勾选“模拟连接点”复选框，激活“模拟起始地址”选项，输入起始地址的输入端与输出端。在“排序”下拉列表中选择排序方式。

- 根据卡的设备标识符和放置（图形）：在原理图中针对每张卡根据其图形顺序对 PLC 连接点进行编址。（只有在所有连接点都已放置时此选项才有效。）
- 根据卡的设备标识符和电缆代号：针对每张卡根据电缆代号的顺序对 PLC 连接点进行编址。
- 根据卡的设备标识符和连接点代号：针对每张卡根据连接点代号的顺序对 PLC 连接点进行编址。此时要考虑插头名称并在连接点前排序，也就是说，连接点 “-A2-1.2” 在连接点 “-A2-1.1” 之前。

单击“确定”按钮，进行编址，结果如图 9-29 所示。

图 9-29　PLC 编址

9.2.3　PLC 总览输出

在原理图页上单击鼠标右键，选择“新建”命令，弹出“页属性”对话框，在图纸中新建页，“页类型”选择为“总览（交互式）”，如图 9-30 所示。

图 9-30　“页属性”对话框

建立总览页，绘制的部件总览是以信息汇总的形式出现的，不作为实际电气接点应用。

9.3 操作实例——花样喷泉控制电路

喷泉广泛用于广场、车站、公园等公共休闲娱乐场所。用 PLC 控制喷泉，可变换不同的造型及颜色。

喷泉平面图如图 9-31 所示，喷泉由五种不同的水柱组成，其中 1 表示大水柱所在的位置，其水柱较大，喷射高度较高；2 表示中水柱所在的位置，由 6 支中水柱均匀分布在 2 的圆（r=2m）的轨迹上，水量比大水柱的水量小，其喷射高度比大水柱低；3 表示小水柱，它由 150 支小水柱均匀分布在 3（r=3m）的圆的轨迹上，其水柱较细，喷射高度比中水柱略矮；4 和 5 为花朵式和旋转式喷泉，各由 19 支喷头组成，均匀分布在 4 和 5 的轨迹上，其水量压力均较弱。

整个喷泉喷射分为 8 段，每段 1min，各段自动转换，全过程 8min。

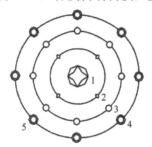

图 9-31　喷泉平面图

花样喷泉 PLC 的输入输出端口分配显示见表 9-1。

表 9-1　花样喷泉 PLC 的输入输出端口分配表

输入			输出		
名称	代号	输入点编号	名称	代号	输出点编号
起动按钮	SB1	X0	大水柱接触器	KM1	Y0
停止按钮	SB2	X1	中水柱接触器	KM2	Y1
			小水柱接触器	KM3	Y2
			花朵式喷泉接触器	KM4	Y3
			旋转式喷泉接触器	KM5	Y4
			大水柱映灯接触器	KM6	Y5
			中水柱映灯接触器	KM7	Y6
			小水柱映灯接触器	KM8	Y7
			花朵式喷泉映灯接触器	KM9	Y10
			旋转式喷泉映灯接触器	KM10	Y11

9.3.1 设置绘图环境

1. 创建项目

选择菜单栏中的"项目"→"新建"命令，弹出如图 9-32 所示的对话框，在"项目名称"文本框下输入创建新的项目名称"Pattern Fountain

9.3.1　设置绘图环境

Control"，在"保存位置"文本框下选择项目文件的路径，在"基本项目"列表中选择带 GOST 标准标识结构的项目模板"GOST_bas001.zw9"，如图 9-33 所示。

图 9-32　"创建项目"对话框

图 9-33　"选择基本项目"对话框

单击"确定"按钮，显示项目模板导入进度对话框，如图 9-34 所示，进度条完成后，弹出"项目属性"对话框，显示当前项目的图纸的参数属性。默认"属性名-数值"列表中的参数，如图 9-35 所示，单击"确定"按钮，关闭对话框，删除默认添加的"=CA1+EAA/1"图纸页文件，在"页"导航器中显示创建的空白新项目"Pattern Fountain Control.elk"，如图 9-36 所示。

图 9-34　创建项目进度对话框

图 9-35　"项目属性"对话框

图 9-36　创建新项目

2. 图页的创建

在"页"导航器中选中项目名称"Pattern Fountain Control.elk",选择菜单栏中的"页"→"新建"命令,或在"页"导航器中选中项目名称单击右键,选择"新建"命令,弹出如图 9-37 所示的"新建页"对话框。在该对话框中"完整页名"文本框内输入电路图页名称,默认名称为"/1",单击 ⋯ 按钮,弹出"完整页名"对话框,输入高层代号与位置代号,如图 9-38 所示。在"页类型"下拉列表中选择"多线原理图(交互式)","页描述"文本框输入图纸描述"PLC 线路图"。

图 9-37　"新建页"对话框

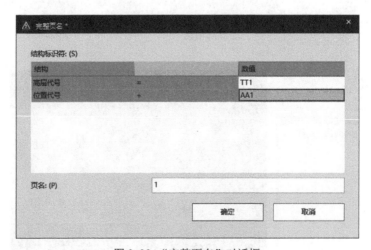

图 9-38　"完整页名"对话框

单击"确定"按钮,在"页"导航器中创建原理图页 1。在"页"导航器中显示添加原理图页结果,如图 9-39 所示。

图 9-39　新建图页文件

9.3.2　绘制 PLC

1. 插入 PLC 盒子

选择菜单栏中的"插入"→"盒子/连接点/安装板"→"PLC 盒子"命令，此时光标变成十字形状并附加一个 PLC 盒子符号 ，单击确定 PLC 盒子的角点，再次单击确定另一个角点，确定插入 PLC 盒子。弹出如图 9-40 所示的 PLC 盒子属性设置对话框，在"显示设备标识符"中输入 PLC 盒子的编号。打开"格式"选项卡，在"线型"下拉列表下选择线型，如图 9-41 所示，单击"确定"按钮，关闭对话框。结果如图 9-42 所示。此时光标仍处于插入 PLC 盒子的状态，右键选择"取消操作"命令或按【Esc】键即可退出该操作。

2. 插入 PLC 连接点

选择菜单栏中的"插入"→"盒子/连接点/安装板"→"PLC 连接点（数字输入）"命令，将光标移动到 PLC 盒子边框上，移动光标，单击鼠标左键确定 PLC 连接点（数字输入）的位置。

确定 PLC 连接点（数字输入）的位置后，系统自动弹出 PLC 连接点（数字输入）属性设置对话框，在"连接点代号"中输入 PLC 连接点（数字输入）的编号 X0。在"地址"栏默认地址为 I0.0，单击 按钮，归还地址；单击 按钮，弹出如图 9-43 所示的"选择以使用现有设备"对话框，显示定义的地址。单击"确定"按钮，关闭对话框，返回属性设置对话框，如图 9-44 所示，单击"确定"按钮，关闭对话框。

9.3.2　绘制 PLC

275

图 9-40　PLC 盒子属性设置对话框

图 9-41　选择线型

图 9-42　插入 PLC 盒子

图 9-43　"选择以使用现有设备"对话框

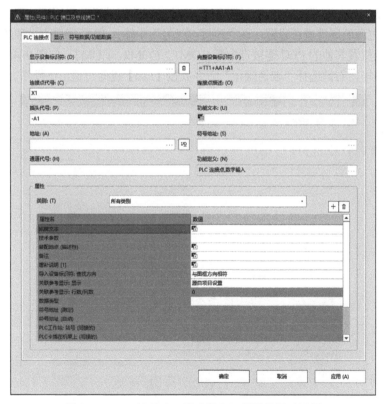

图 9-44　PLC 连接点（数字输入）属性设置对话框

此时光标仍处于放置 PLC 连接点（数字输入）的状态，重复上述操作可以继续放置 PLC 连接点（数字输入）X1，结果如图 9-45 所示，右键选择"取消操作"命令或按【Esc】键即可退出该操作。

图 9-45　放置 PLC 连接点（数字输入）

　　选择菜单栏中的"插入"→"盒子/连接点/安装板"→"PLC 连接点（数字输出）"命令，放置 PLC 连接点（数字输出）Y0、Y1、Y2、Y3、Y4、Y5、Y6、Y7、Y8、Y9、Y10、Y11，结果如图 9-46 所示，右键选择"取消操作"命令或按【Esc】键即可退出该操作。

图 9-46　放置 PLC 连接点（数字输出）

3. PLC 电源

　　选择菜单栏中的"插入"→"盒子/连接点/安装板"→"PLC 连接点电源"命令，放置 PLC 连接点电源 COM，弹出如图 9-47 所示的 PLC 连接点电源属性设置对话框，在该对话框中可以对 PLC 连接点电源的属性进行设置，在"连接点代号"中输入 PLC 连接点电源的编号。重复上述操作可以继续放置其他的 PLC 连接点电源 COM1、COM2、COM3，如图 9-48 所示。PLC 连接点电源放置完毕，右键选择"取消操作"命令或按【Esc】键即可退出该操作。

图 9-47　PLC 连接点电源属性设置对话框

图 9-48　放置 PLC 连接点电源

在光标处于放置 PLC 连接点电源的状态时按【Tab】键，旋转 PLC 连接点电源符号，变换 PLC 连接点电源模式。

4. PLC 卡电源

选择菜单栏中的"插入"→"盒子/连接点/安装板"→"PLC 卡电源"命令，放置 PLC 卡电源 L，弹出如图 9-49 所示的 PLC 卡电源属性设置对话框，在该对话框中可以对 PLC 连接点电源的属性进行设置，在"符号数据/功能数据"选项卡中选择符号数据，单击"编号/名称"后的 .. 按钮，弹出如图 9-50 所示的"符号选择"对话框，选择 PLC 卡电源符号，结果如图 9-51 所示。

图 9-49　PLC 卡电源属性设置对话框

图 9-50 "符号选择"对话框

图 9-51 放置 PLC 卡电源

重复上述操作可以继续放置 PLC 卡电源 N。PLC 卡电源放置完毕，右键选择"取消操作"命令或按【Esc】键即可退出该操作。

在光标处于放置 PLC 卡电源的状态时按【Tab】键，旋转 PLC 卡电源符号，变换 PLC 卡电源模式。

5. 插入接地

选择菜单栏中的"插入"→"符号"命令，弹出如图 9-52 所示的"符号选择"对话框，选择需要的符号——接地，完成元件选择后，单击"确定"按钮，在原理图中放置元件，如图 9-53 所示。

6. 组成 PLC

框选绘制完成的 PLC，选择菜单栏中的"编辑"→"其它"→"组合"命令，组合 PLC 盒子、PLC 连接点与 PLC 电源，将其组成一体。

双击组合的 PLC 元件，弹出属性设置对话框，打开"部件"选项卡，单击按钮，弹出"部件选择"对话框，如图 9-54 所示，选择设备部件，部件编号为"PXC.2703994"，添加部件后如图 9-55 所示。单击"确定"按钮，关闭对话框。

图 9-52　"符号选择"对话框

图 9-53　放置接地符号

图 9-54　"部件选择"对话框

图 9-55　添加部件

选择菜单栏中的"项目数据"→"PLC"→"导航器"命令，打开"PLC"导航器，如图 9-56 所示，显示 PLC 中的输入点、输出点。

图 9-56　显示 PLC

9.3.3　绘制原理图

1. 插入熔断器

选择菜单栏中的"插入"→"设备"命令，弹出如图 9-57 所示的"部件选择"对话框，选择需要的元件部件——熔断器，单击"确定"按钮，完

9.3.3　绘制
原理图

成设置,原理图中在光标上显示浮动的元件符号,选择需要放置的位置,单击鼠标左键,在原理图中放置熔断器 F1、F2。

图 9-57 "部件选择"对话框

双击设备,弹出"属性(元件):常规设备"对话框,如图 9-58 所示,输入设备标识符 FU1、FU2,结果如图 9-59 所示。

图 9-58 "属性(元件):常规设备"对话框

图 9-59　放置熔断器

2. 插入开关

选择菜单栏中的"插入"→"设备"命令，弹出如图 9-60 所示的"部件选择"对话框，选择需要的元件部件——开关，单击"确定"按钮，完成设置，原理图中在光标上显示浮动的元件符号，选择需要放置的位置，单击鼠标左键，在原理图中放置开关 S1、S2。

图 9-60　"部件选择"对话框

双击设备，弹出"属性（元件）：常规设备"对话框，输入设备标识符 SB1、SB2，结果如图 9-61 所示。

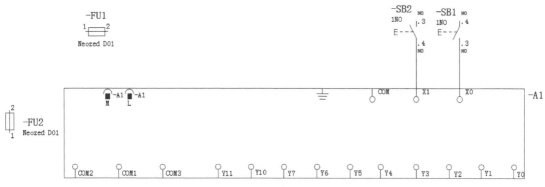

图 9-61 放置开关

3. 插入线圈

1）选择菜单栏中的"插入"→"设备"命令，弹出如图 9-62 所示的"部件选择"对话框，选择需要的元件部件——线圈，单击"确定"按钮，完成设置，原理图中在光标上显示浮动的元件符号，选择需要放置的位置，单击鼠标左键，在原理图中放置线圈 K1，结果如图 9-63 所示。

图 9-62 "部件选择"对话框

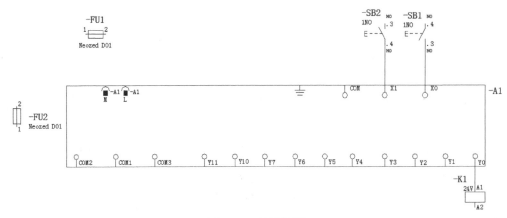

图 9-63　放置线圈

2）选择线圈 K1，选择菜单栏中的"编辑"→"复制"命令，选择菜单栏中的"编辑"→"粘贴"命令，粘贴线圈 K1，设置插入模式为"编号"，插入线圈，结果如图 9-64 所示。

图 9-64　插入线圈

3）选择菜单栏中的"插入"→"连接符号"→"T 节点（向上）"命令，连接原理图，如图 9-65 所示。

图 9-65　连接原理图

4）选择菜单栏中的"插入"→"符号"命令，弹出如图 9-66 所示的"符号选择"对话框，选择需要的接地元件，单击"确定"按钮，关闭对话框。

图 9-66　"符号选择"对话框

插入接地元件，选择菜单栏中的"插入"→"连接符号"→"T 节点（向右）"命令，连接接地元件，如图 9-67 所示。

图 9-67　插入接地元件

5）选择菜单栏中的"插入"→"连接符号"→"中断点"命令，插入中断点 L、N，如图 9-68 所示。

图 9-68 插入中断点

6）选择菜单栏中的"插入"→"连接符号"→"T 节点（向下）"命令，连接中断点，如图 9-69 所示。

图 9-69 连接原理图

第10章 报表输出

素养目标
➤ 培养读者对工作的热情，树立和增强思想修养意识
➤ 培养尽善尽美、精益求精的科学精神

技能目标
➤ 学会报表的设置方法
➤ 掌握报表生成与输出方法

项目导读

当原理图设计完成后，经常需要输出一些数据或图纸。报表是以一种图形表格的方式输出、生成的一类项目图纸页，本节将介绍 EPLAN 原理图的打印与报表输出。

EPLAN 具有丰富的报表功能，可以方便地生成各种不同类型的报表。当电路原理图设计完成并且经过编译检测之后，应该充分利用系统所提供的这种功能来创建各种原理图的报表文件。借助于这些报表，用户能够从不同的角度，更好地掌握整个项目的有关设计信息，为下一步的设计工作做好充足的准备。

10.1 报表设置

选择菜单栏中的"选项"→"设置"命令，系统弹出"设置"对话框，在"项目"→"项目名称（NEW）"→"报表"选项，包括"显示/输出""输出为页""部件"三个选项卡，如图 10-1 所示。

图 10-1 "设置：显示/输出"对话框

10.1.1 显示/输出

打开"显示/输出"选项卡，设置报表的显示与输出格式。在该选项卡中可以进行报表的有关选项设置。

- 相同文本替换为：对于相同文本，为避免重复显示，使用"="替代。
- 可变数值替换为：用于对项目中占位符对象的控制，并生成一个新值替代当前的占位符文本。
- 输出组的起始页偏移量：作为添加的报表变量。
- 将输出组填入设备标识块：与属性设置对话框中的"输出组"组合使用，作为添加的报表变量。
- 电缆/端子/插头：处理最小数量记录数据时允许指定项目数据输出。
- 电缆表格中读数的符号：在端子图表中，使用指定的符号替代芯线颜色。

10.1.2 输出为页

打开 "输出为页"选项卡，预定设置表格，如图 10-2 所示。在该选项卡中可以进行报表的有关选项设置。

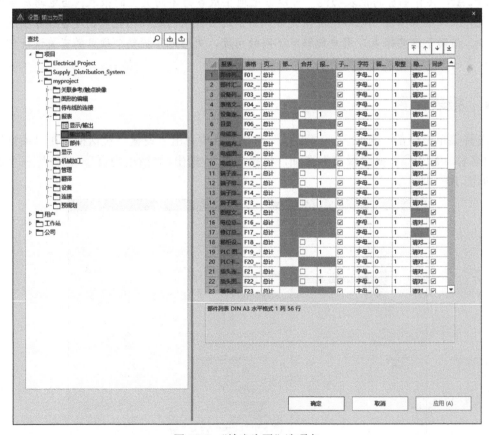

图 10-2 "输出为页"选项卡

- 报表类型：默认系统下提供所有报表类型，根据项目要求，选择需要生成的项目类型。

- 表格：确定表格模板，单击按钮▾，选择"查找"命令，弹出如图 10-3 所示的"选择表格"对话框，用于选择表格模板，激活"预览"复选框，预览表格，单击"打开"按钮，导入选中的表格。

图 10-3　"选择表格"对话框

- 页分类：确定输出的图纸页报表的保存结构，单击■按钮，弹出"页分类"对话框，如图 10-4 所示，设置排序依据。

图 10-4　"页分类"对话框

- 部分输出：根据"页分类"设置，为每一个高层代号生成一个同类的部分报表。
- 合并：将分散在不同页上的表格合并在一起连续生成。
- 报表行的最小数量：指定了到达换页前生成数据集的最小行数。
- 子页面：输出报表时，报表页名用子页名命名。
- 字符：定义子页的命名格式。

10.1.3　部件

打开"部件"选项卡，如图 10-5 所示，用于定义在输出项目数据生成报表时部件的处理操作。在该选项卡中可以进行报表的有关选项设置。

图 10-5　"部件"选项卡

- 分解组件：勾选该复选框，生成报表时，系统分解组件。
- 分解模块：勾选该复选框，生成报表时，系统分解模块。
- 达到级别：可以定义生成报表时，系统分解组件和模块的级别，默认级别为 1。
- 汇总一个设备的部件：用于合并多个部件为一个设备编号。

10.2　报表生成

选择菜单栏中的"工具"→"报表"命令，弹出如图 10-6 所示的子菜单，用于生成报表。

选择菜单栏中的"工具"→"报表"→"生成"

图 10-6　子菜单

命令，弹出"报表"对话框，如图 10-7 所示，在该对话框中包括"报表"和"模板"两个选项卡，分别用于生成没有模板与有模板的报表。

图 10-7 "报表"对话框

10.2.1 自动生成报表

打开"报表"选项卡，显示项目文件下的文件。在项目文件下包含"页"与"嵌入式报表"两个选项，展开"页"选项，显示该项目下的图纸页，如图 10-8 所示。"嵌入式报表"不是单独成页的报表，是在原理图或安装板图中放置的报表，只统计本图纸中的部件。

图 10-8 "页"选项

单击"新建"按钮 + ，打开"确定报表"对话框，如图 10-9 所示。

图 10-9 "确定报表"对话框

在"输出形式"下拉列表中显示可选择项如下:

● 页:表示报表逐页显示。

● 手动放置:嵌入式报表。

● 源项目:选择需要的项目。

● 选择报表类型:选择生成报表的类型,安装板的报表是柜箱设备清单。

● 当前页:生成当前页的报表。

● 手动选择:不勾选该复选框,生成的报表包含所有柜体;勾选该复选框,包括多个
机柜时,生成选中机柜的报表。

单击"设置"按钮,在该按钮下包含三个命令,"显示/输出""输出为页"和"部件",
用于设置报表格式。

10.2.2 实例——创建自动化流水线电路标题页

1. 打开项目

选择菜单栏中的"项目"→"打开"命令,弹出如图 10-10 所示的对
话框,选择项目文件的路径,打开项目文件"Auto Production Line.elk",
如图 10-11 所示。

10.2.2 实例——
创建自动化流水
线电路标题页

图 10-10 打开项目文件

图 10-11　打开自动化流水线电路项目文件

在"页"导航器中选择"=Z01（主电路）+A1/1"原理图页，双击进入原理图编辑环境。

2. 生成报表文件

选择菜单栏中的"工具"→"报表"→"生成"命令，弹出"报表"对话框，如图 10-12 所示，在该对话框中打开"报表"选项卡，选择"页"选项，展开"页"选项，显示该项目下的图纸页为空。

单击"新建"按钮 ⊞，打开"确定报表"对话框，选择"标题页/封页"选项，如图 10-13 所示。单击"确定"按钮，完成图纸页选择。

图 10-12　"报表"对话框

图 10-13　"确定报表"对话框

弹出"设置：标题页/封页"对话框，如图 10-14 所示，选择筛选器，单击"确定"按钮，完成图纸页设置。弹出"标题页/封页（总计）"对话框，显示标题页的结构设计，输入高层代号与位置代号，可输入当前原理图的位置，也可以创建新的高层代号与位置代号，如图 10-15 所示。

图 10-14　"设置：标题页/封页"对话框　　　图 10-15　"标题页/封页（总计）"对话框

　　单击"确定"按钮，完成图纸页设置，返回"报表"对话框，在"页"选项下添加标题页，如图 10-16 所示。单击"确定"按钮，关闭对话框，完成标题页的添加，在"页"导航器下显示添加的标题页，如图 10-17 所示。

图 10-16　"报表"对话框

图 10-17　生成标题页

10.2.3　按照模板生成报表

如果在一个项目中建立多个报表（部件汇总、电缆图表、端子图表、设备列表），而以后还需要使用同样的报表和格式，就可以建立报表模板。报表模板只是保存了生成报表的规则（筛选器、排序）、格式（报表类型）、操作、放置路径，并不生成报表。

打开"模板"选项卡，定义显示项目文件下生成的报表种类，如图 10-18 所示。

图 10-18　"模板"选项卡

新建报表的方法与上一节相同，上一节直接生成报表，这里生成模板文件，模板自动标准命名为 0001，为方便识别模板文件，可以为模板文件添加描述性文字。

10.2.4　报表操作

完成报表模板文件的设置后，可直接生成目的报表文件，也可以对报表文件进行其余操作，包括报表的更新等。

1．报表的更新

当原理图出现更改时，需要对已经生成的报表进行及时更新。

选择菜单栏中的"工具"→"报表"→"更新"命令，自动更新报表文件。

2．生成项目报表

选择菜单栏中的"工具"→"报表"→"生成项目报表"命令，自动生成所有报表模板文件。

10.3 打印与报表输出

原理图设计完成后，经常需要输出一些数据或图纸。本节将介绍 EPLAN 原理图的打印与报表输出。

10.3.1 打印输出

为方便原理图的浏览、交流，经常需要将原理图打印到图纸上。EPLAN 提供了直接将原理图打印输出的功能。在打印之前首先进行页面设置。

选择菜单栏中的"项目"→"打印"命令，即可弹出"打印"对话框，如图 10-19 所示。

图 10-19 "打印"对话框

其中各项设置说明如下。

- "打印机"下拉列表：选择所需的打印机。
- "页"选项组：用于设置打印范围，打印时可打印单独页，也可以打印一个项目的全部页。
- "打印本"选项组：

"数量"文本：输入打印的图纸页数量；

"颠倒的打印顺序"复选框：选中该复选框，将使图纸打印顺序颠倒。

1）单击"设置"按钮，弹出如图 10-20 所示的"设置：打印"对话框，具体包括以下几个选项。

图 10-20 "设置：打印"对话框

① "打印尺寸"选项组：用于设置打印比例。选择比例模式，有两个选项。

● 选择"按比例尺（1：1）打印"选项，由用户自己定义比例的大小，这时整张图纸将以用户定义的比例打印，有可能是打印在一张图纸上，也有可能打印在多张图纸上。用户可以在"水平缩放系数""垂直缩放系数"文本框中设置打印比例。

● 选择"按页面尺寸缩放"选项，系统自动调整比例，以便将整张图纸打印到一张图纸上。

② "页边距"选项组：用于设置页边距，共有以下 4 个选项。

● "左"数值框：设置水平页边距。

● "右"数值框：设置水平页边距。

● "上"数值框：设置垂直页边距。

● "下"数值框：设置垂直页边距。

③ "打印位置"选项组：用于选择打印位置。

④ 黑白打印：勾选该复选框，原理图黑白色打印。

完成设置后，单击"确定"按钮，关闭对话框。

2）设置完成后，即可单击"打印"按钮，打印原理图。

10.3.2 设置接口参数

选择菜单栏中的"选项"→"设置"命令，弹出"设置"对话框，打开"用户"→"接口"，设置接口文件的参数，如图 10-21 所示。

图 10-21　"接口"选项

在该选项下显示导入导出的不同类型的文件，将这些设置进行管理与编辑，并以配置形式保存，方便不同类型文件进行导入导出时使用。对于特殊设置，在使用特定命令时，再进行设置。

10.3.3　导出 PDF 文件

在绘制的电气原理图中，经常会使用到 PDF 导出功能，打开导出的 PDF 文件后，单击中断点，可以跳转到关联参考的目标，同时会对图纸进行放大，这对图纸的审图有很大帮助。

在"页"导航器中选择需要导出的图纸页，选择菜单栏中的"页"→"导出"→"PDF.."命令，弹出"PDF 导出"对话框，如图 10-22 所示。

图 10-22　"PDF 导出"对话框

1）在"源"下拉列表中显示选中的图纸页。

2）选择"配置"后面的编辑按钮 ⋯，切换到"设置：PDF 导出"对话框，如图 10-23 所示。

图 10-23　"设置：PDF 导出"对话框

选择"常规"栏，若勾选"使用缩放"选项并输入缩放级别，则导出的 PDF 文件根据要求修改后缩放图纸。若想使得跳转页显示整个页面，输入接近页面宽度 297 的值，如输入 300。

勾选"简化的跳转功能"复选框，整个项目的所有跳转功能均得到简化，只能跳转到对应主功能处，而不是跳转点的左、中、右不同地方。

单击"确认"退出设置窗口，只有导出整个项目文件 PDF 时才会有图纸上的跳转功能，只导出图纸的一部分是没有这个功能的。

3）"输出目录"选项下显示导出 PDF 文件的路径。

① "输出"选项下显示输出 PDF 文件的颜色设置，有 3 种选择，即为黑白、彩色或灰度。

②"使用打印边距"复选框：勾选该复选框，导出 PDF 文件时设置页边距。

③"输出 3D 模型"复选框：勾选该复选框，导出 PDF 文件中包含 3D 模型。

④"应用到整个项目"复选框：勾选该复选框，将导出 PDF 文件中的设置应用到整个项目。

单击"设置"按钮，显示三个命令，输出语言、输出尺寸、页边距。

● 选择"输出语言"命令，弹出"设置：PDF 输出语言"对话框，选择导出 PDF 文件中的语言，如图 10-24 所示。

● 选择"输出尺寸"命令，弹出"设置：PDF 输出尺寸"对话框，选择导出 PDF 文件中的尺寸及缩放尺寸，如图 10-25 所示。

图 10-24 "设置：PDF 输出语言"对话框

图 10-25 "设置：PDF 输出尺寸"对话框

● 选择"页边距"命令，弹出"设置：页边距"对话框，选择导出 PDF 文件中的页边距上、下、左、右尺寸，如图 10-26 所示。

图 10-26 "设置：页边距"对话框

完成设置后，单击"确定"按钮，生成 PDF 文件，如图 10-27 所示。

图 10-27 PDF 文件

10.3.4　导出图片文件

EPLAN 可以把原理图以不同的图片格式输出，输出格式包括 BMP、GIF、JPG、PNG 和 TIFF。可以导出一个单独的图纸页，也可以指定文件名，但导出多个图纸页时，不能自主分配文件名，需要使用代号替代。

在"页"导航器中选择需要导出的图纸页，选择菜单栏中的"页"→"导出"→"图片文件"命令，弹出"导出图片文件"对话框，导出图片文件，如图 10-28 所示。

1）在"源"下拉列表中显示选中的图纸页。

2）选择"配置"后面的编辑按钮 ，切换到"设置：导出图片文件"对话框，如图 10-29 所示，在该对话框中可以设置图片文件的目录、文件类型、压缩、颜色类型和宽度。

图 10-28　"导出图片文件"对话框	图 10-29　"设置：导出图片文件"对话框

单击"确认"按钮退出设置窗口。

3）在"目标目录"选项下显示导出 PDF 文件的路径。

4）"黑白输出"复选框：原理图中所有元素以白底黑字输出到输出图片文件上。

5）"应用到整个项目"复选框：勾选该复选框，将导出图片文件中的设置应用到整个项目。

输出的图片文件每页以独立的图片文件保存到制定的目标目录下，若输出整个项目，则在目标目录下创建一个带有项目名称的文件夹，同时将所有图片文件保存在该文件夹下。

10.3.5　导出 DXF/DWG 文件

DXF/DWG 文件导出时，需要设置原理图中的层、颜色、字体和线型，完成这些设置后，方便 DXF/DWG 文件的导入和导出。

在"页"导航器中选择需要导出的图纸页，选择菜单栏中的"页"→"导出"→"DXF/DWG"命令，弹出"DXF/DWG 导出"对话框，导出 DXF/DWG 文件，如图 10-30 所示。

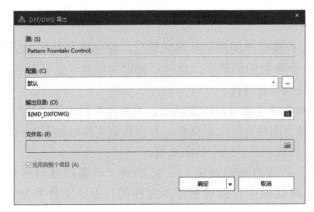

图 10-30 "DXF/DWG 导出"对话框

1) 在"源"下拉列表中显示选中的图纸页。

2) 选择"配置"后面的编辑按钮 ⋯ ，切换到"设置：DXF/DWG 导出和导入"对话框，如图 10-31 所示，在该对话框中可以设置 DXF/DWG 文件的目录、层、颜色、线型、块定义和块特性等。

图 10-31 "设置：DXF/DWG 导出和导入"对话框

可以通过拖拉的方法把 DXF/DWG 文件插入原理图中。

10.4 操作实例——细纱机控制电路

细纱机是纺织厂中主要的生产设备之一，细纱设备数量标志着工厂的规模和生产能力。细纱共组是成纱的最后一道工序，其产品质量对企业是非常重要的，因此采用 PLC 控制系统来控制生产过程。

本例不仅要求设计一个细纱机控制电路，还需要对其进行报表输出操作。

10.4.1　设置绘图环境

1. 创建项目

选择菜单栏中的"项目"→"新建"命令,弹出如图 10-32 所示的对话框,在"项目名称"文本框下输入创建新的项目名称"Spinning Frame Control Circuit",在"保存位置"文本框下选择项目文件的路径,在"基本项目"列表中选择默认国家标准项目模板"IEC_bas001.zw9"。

10.4.1　设置绘图环境

单击"确定"按钮,显示项目创建进度对话框,如图 10-33 所示,进度条完成后,弹出"项目属性"对话框,显示当前项目的图纸的参数属性。默认"属性名—数值"列表中的参数,如图 10-34 所示,单击"确定"按钮,关闭对话框,删除默认添加的"=CA1+EAA/1"图纸页文件,在"页"导航器中显示创建的空白新项目"Spinning Frame Control Circuit.elk",如图 10-35 所示。

图 10-32　"创建项目"对话框

图 10-33　项目创建进度对话框

图 10-34　"项目属性"对话框

图 10-35　空白新项目

2. 图页的创建

1）在"页"导航器中选中项目名称"Spinning Frame Control Circuit.elk"，选择菜单栏中的"页"→"新建"命令，或在"页"导航器中选中项目名称单击右键，选择"新建"命令，弹出如图 10-36 所示的"新建页"对话框。

图 10-36 "新建页"对话框

2）在该对话框中"完整页名"文本框内输入电路图页名称，默认名称为"/1"，单击 ⋯ 按钮，弹出"完整页名"对话框，输入高层代号与位置代号，如图 10-37 所示。在"页类型"下拉列表中选择"多线原理图（交互式）"，"页描述"文本框输入图纸描述"细纱机主电路 1"，如图 10-38 所示。

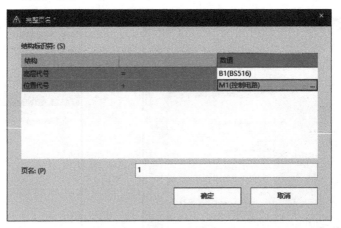

图 10-37 "完整页名"对话框

3）单击"应用"按钮，在"页"导航器中创建原理图页 1。"新建页"对话框置为当前，在该对话框中"页描述"文本框输入图纸描述"细纱机主电路 2"，单击"确定"按钮，在"页"导航器中创建原理图页 2。在"页"导航器中显示添加原理图页结果，如图 10-39 所示。

图 10-38 "新建页"对话框

图 10-39 新建图页文件

10.4.2 绘制主电路 1

1. 绘制钢领板升降电动机电路

BS516 型细纱机中 M1 是钢领板升降电动机，中间继电器 KA1 控制上升，KA2 控制下降。进入主电路 1 原理图编辑环境。

（1）插入电机元件

10.4.2 绘制主电路 1-1. 绘制钢领板升降电动机电路

选择菜单栏中的"插入"→"设备"命令，弹出如图 10-40 所示的"部件选择"对话框，选择需要的元件部件——电机，完成元件选择后，单击"确定"按钮，原理图中在光标上显示浮动的元件符号，选择需要放置的位置，单击鼠标左键，在原理图中放置元件 M1，如图 10-41 所示。

图 10-40 "部件选择"对话框

图 10-41 插入电机 M1

（2）插入保护开关

选择菜单栏中的"插入"→"设备"命令，弹出如图 10-42 所示的"部件选择"对话框，选择需要的元件部件——保护开关，单击"确定"按钮，完成设置，原理图中在光标上显示浮动的元件符号，选择需要放置的位置，单击鼠标左键，在原理图中放置开关 Q1，双击元件，弹出属性设置对话框，修改设备标识符名称为 QF1，复制元件 QF2，如图 10-43 所示。

图 10-42 "部件选择"对话框   图 10-43 放置保护开关

（3）插入继电器常开触点

1）选择菜单栏中的"插入"→"设备"命令，弹出如图 10-44 所示的"部件选择"对话框，选择需要的元件部件——接触器，选择需要插入的元件——接触器常开触点，单击"确定"按钮，关闭对话框。

2）单击将元件符号插入原理图中，双击元件，弹出"属性（元件）：常规设备"对话框，输入设备标识符为 KA1，复制粘贴 KA2，如图 10-45 所示，显示放置在原理图中的与电机元件 M1 自动连接的中间继电器常开触点 KA1。

图 10-44 "部件选择"对话框

图 10-45 放置常开触点 KA1、KA2

3）选择菜单栏中的"插入"→"连接符号"→"T 节点（向右）"命令，连接原理图，如图 10-46 所示。

图 10-46 连接原理图

2. 绘制滴油电动机电路

M3 是吸风电动机，受接触器电动机 KM1 控制。

选择钢领板电动机电路，选择菜单栏中的"编辑"→"复制"命令，选择菜单栏中的"编辑"→"粘贴"命令，粘贴 M1 钢领板升降电动机局部电路，设置插入模式为"编号"，插入滴油电动机电路并修改设备标识符，结果如图 10-47 所示。

10.4.2 绘制主电路1-2~1-4绘制落纱电源变压器电路

图 10-47 插入滴油电动机电路

3．绘制主轴电动机电路

M4 是主轴电动机，双绕组（4/6 极），低速接触器 KM2 控制，高速接触器 KM3 控制。

（1）插入电机元件

选择菜单栏中的"插入"→"符号"命令，弹出如图 10-48 所示的"符号选择"对话框，选择需要的双绕组电机元件，完成元件选择后，单击"确定"按钮，原理图中在光标上显示浮动的元件符号，选择需要放置的位置，单击鼠标左键，元件被放置在原理图中，自动弹出"属性（元件）：常规设备"对话框，输入设备标识符 M4，结果如图 10-49 所示。

图 10-48　"符号选择"对话框

-M4

图 10-49　放置电机元件

（2）插入继电器常开触点

选择菜单栏中的"插入"→"设备"命令，弹出如图 10-50 所示的"部件选择"对话框，选择需要的元件部件——接触器，选择需要插入的元件——接触器常开触点，单击"确定"按钮，关闭对话框。

图 10-50 "部件选择"对话框

单击将元件符号插入原理图中，双击元件，弹出"属性（元件）：常规设备"对话框，输入设备标识符为 KM2，复制粘贴 KM3，如图 10-51 所示，显示放置在原理图中的与双绕组电机元件 M4 自动连接的接触器常开触点 KM2。

选择菜单栏中的"插入"→"连接符号"→"角（右上）"命令，连接原理图，如图 10-52 所示。

图 10-51　放置常开触点 KM2、KM3　　　　　　图 10-52　连接原理图

4. 绘制落纱电源变压器电路

T1 是落纱电源变压器，380V/36V，受接触器 KM4 控制。

（1）插入变压器元件

选择菜单栏中的"插入"→"符号"命令，弹出如图 10-53 所示的"符号选择"对话框，选择需要的变压器元件，完成元件选择后，单击"确定"按钮，原理图中在光标上显示浮动的元件符号，选择需要放置的位置，单击鼠标左键，在原理图中放置 T1 元件，自动弹

出"属性（元件）：常规设备"对话框，如图 10-54 所示，输入功能文本 380V，技术参数
36V，结果如图 10-55 所示。

图 10-53 "符号选择"对话框

图 10-54 "属性（元件）：常规设备"对话框

图 10-55 放置变压器元件

（2）插入继电器常开触点

选择菜单栏中的"插入"→"设备"命令，弹出如图10-56所示的"部件选择"对话框，选择需要的元件部件——接触器，选择需要插入的元件——接触器常开触点，单击"确定"按钮，关闭对话框。

图10-56 "部件选择"对话框

单击将元件符号插入原理图中，双击元件，弹出"属性（元件）：常规设备"对话框，输入设备标识符为KM4，结果如图10-57所示。

（3）插入保护开关

选择菜单栏中的"插入"→"设备"命令，弹出如图10-58所示的"部件选择"对话框，选择需要的元件部件——保护开关，单击"确定"按钮，完成设置，原理图中在光标上显示浮动的元件符号，选择需要放置的位置，单击鼠标左键，在原理图中放置开关Q1，双击元件，弹出属性设置对话框，修改设备标识符名称为QF4，如图10-59所示。

10.4.2 绘制主电路1-5～1-6放置文本标注

图10-57 放置常开触点KM4

5. 绘制吹吸风电动机电路

M5是吹吸风电动机，受接触器KM5控制。

1）选择钢领板电动机电路，选择菜单栏中的"编辑"→"复制"命令，选择菜单栏中的"编辑"→"粘贴"命令，复制M3滴油电动机电路，设置插入模式为"编号"，粘贴M5吹吸风电动机电路，修改设备标识符，结果如图10-60所示。

图 10-58 "部件选择"对话框

图 10-59 放置保护开关   图 10-60 插入吹吸风电动机电路

2）选择菜单栏中的"插入"→"连接符号"→"角（左下）"命令，连接原理图，如图 10-61 所示。

图 10-61　连接原理图

3）选择菜单栏中的"插入"→"符号"命令，弹出如图 10-62 所示的"符号选择"对话框，选择需要的接地元件，单击"确定"按钮，关闭对话框。

图 10-62　"符号选择"对话框

4）插入接地元件，选择菜单栏中的"插入"→"连接符号"→"T 节点（向右）"命令，连接接地元件，如图 10-63 所示。

5）选择菜单栏中的"插入"→"连接符号"→"中断点"命令，插入中断点 L1、L2、L3，如图 10-64 所示。

图 10-63 插入接地元件

图 10-64 插入中断点

6．放置文本标注

选择菜单栏中的"插入"→"图形"→"文本"命令，弹出"属性（文本）"对话框，在文本框中输入"钢领板升降电动机"，如图 10-65 所示。

图 10-65 文本框属性设置对话框

单击"确定"按钮，关闭对话框，使光标变成十字形状并附带文本符号⊤，移动光标到需要放置文本的位置处，单击鼠标左键，完成当前文本放置。

此时鼠标仍处于绘制文本的状态，继续绘制其他的文本，单击右键选择"取消操作"命令或按【Esc】键，便可退出操作，原理图标注结果如图10-66所示。

图 10-66　标注原理图

10.4.3　绘制多绕组电源变压器

10.4.3　绘制多绕组电源变压器

1. 创建符号库

选择菜单栏中的"工具"→"主数据"→"符号库"→"新建"命令，弹出"创建符号库"对话框，新建一个名为"My Design"的符号库，如图10-67所示。

图 10-67　"创建符号库"对话框

单击"保存"按钮，弹出如图10-68所示的"符号库属性"对话框，该对话框可显示栅格大小，默认值为1.00mm，单击"确定"按钮，关闭对话框。

图 10-68　"符号库属性"对话框

2．加载符号库

完成原理图元件符号库创建后，为方便项目使用，需要将原理图元件符号库加载到符号库路径下。

选择菜单栏中的"选项"→"设置"命令，系统弹出"设置"对话框，在"项目"→"项目名称"→"管理"→"符号库"选项下，如图 10-69 所示，在"符号库"列下单击 按钮，弹出"选择符号库"对话框，选择要加载的新建的符号库，如图 10-70 所示，单击"打开"按钮，完成符号库的加载，如图 10-71 所示。完成设置后，原理图中将添加新建的符号库。

图 10-69　"设置：符号库"对话框

图 10-70　"选择符号库"对话框

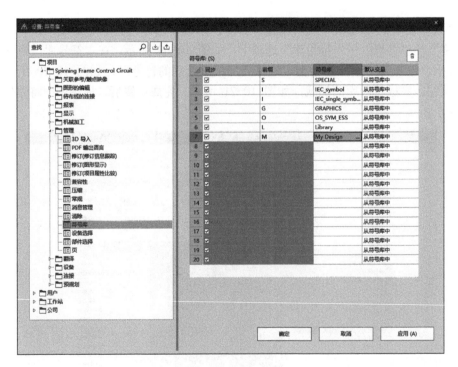

图 10-71　加载符号库

3. 创建符号变量 A

选择菜单栏中的"工具"→"主数据"→"符号"→"新建"命令，弹出"生成变量"对话框，目标变量选择"变量 A"，如图 10-72 所示，单击"确定"按钮，关闭对话框，弹出"符号属性-My Design"对话框，如图 10-73 所示。

图 10-72 "生成变量"对话框   图 10-73 "符号属性-My Design"对话框

在"符号编号"文本框中命名符号编号；在"符号名"文本框中命名符号名 T1；在"功能定义"文本框中选择功能定义，单击 ⋯ 按钮，弹出"功能定义"对话框，可根据绘制的符号类型，选择功能定义，如图 10-74 所示，功能定义选择"变压器，7 个连接点，有 PE"，在"连接点"文本框中定义连接点，连接点为"7"。单击 逻辑...(L) 按钮，弹出"连接点逻辑"对话框，如图 10-75 所示。

图 10-74 "功能定义"对话框

图 10-75　"连接点逻辑"对话框

默认连接点逻辑信息，单击"确定"按钮，进入符号编辑环境，绘制符号外形。

4．绘制原理图符号

1）在图纸上绘制变压器元件的弧形部分。选择菜单栏中的"插入"→"图形"→"圆弧通过中心点"命令，在图纸上绘制一个如图 10-76 所示的弧线，双击圆弧，系统将弹出相应的圆弧属性编辑对话框，设置线宽为 0.20mm，如图 10-77 所示。

2）因为变压器的左右线圈由 16 个圆弧组成，所以还需要另外 15 个类似的弧线。可以用复制、粘贴的方法放置其他的 15 个弧线，再将它们一一排列好，如图 10-78 所示。

图 10-76　绘制弧线

图 10-77　属性面板

图 10-78　放置其他的弧线

3）绘制变压器中间的铁心。选择菜单栏中的"插入"→"图形"→"直线"命令，在原副线圈中间绘制一条直线，然后双击绘制好的直线打开属性面板，如图 10-79 所示，将直线的线宽设置为 0.5mm，如图 10-80 所示。

图 10-79　属性设置对话框　　　　　　　图 10-80　设置铁心线宽

4）绘制线圈上的引出线。选择菜单栏中的"插入"→"图形"→"直线"命令，在线圈上绘制出 7 条引出线。然后双击绘制好的直线打开属性面板，如图 10-81 所示，将直线的线宽设置为 0.25mm，如图 10-82 所示。

图 10-81　绘制引出线　　　　　　　　图 10-82　设置直线属性

5）绘制线圈上的连接点。选择菜单栏中的"插入"→"连接点左"命令，按住【Tab】键，旋转连接点方向，单击确定连接点位置，自动弹出"连接点"属性对话框，在该对话框中，默认显示连接点号 1，如图 10-83 所示。绘制 7 个引脚，如图 10-84 所示。

图 10-83 设置连接点属性

图 10-84 绘制连接点

变压器元件符号就创建完成了，如图 10-85 所示。

图 10-85 变压器绘制完成

5. 创建其余符号变量

1）选择菜单栏中的"工具"→"主数据"→"符号"→"新变量"命令，弹出"生成变量"对话框，目标变量选择"变量 B"，如图 10-86 所示，单击"确定"按钮，在"生成变量"对话框中设置变量 B，选择元变量为变量 A，旋转 90°，如图 10-87 所示。

图 10-86 "生成变量"对话框

图 10-87 "生成变量"对话框

2）单击"确定"按钮，返回符号编辑环境，显示变量 B，如图 10-88 所示。

3）使用同样的方法，旋转 180°，生成变量 C；旋转 270°，生成变量 D；勾选"绕 Y 轴镜像图形"复选框，旋转 0°、90°、180°、270°，生成变量 E、F、G、H，如图 10-89 所示。

图 10-88　变量 B

图 10-89　变压器变量

4）选择菜单栏中的"插入"→"符号"命令，弹出如图 10-90 所示的"符号选择"对话框，选择加载的符号库，在符号库中选择创建的多绕组电源变压器 T1，在右侧预览框中显示元件符号的 8 个变量，单击"确定"按钮，完成设置。

图 10-90 "符号选择"对话框

10.4.4 绘制整流桥

10.4.4 绘制整流桥

1. 创建符号变量 A

选择菜单栏中的"工具"→"主数据"→"符号"→"新建"命令，弹出"生成变量"对话框，目标变量选择"变量 A"，如图 10-91 所示，单击"确定"按钮，关闭对话框，弹出"符号属性"对话框。

图 10-91 "生成变量"对话框

在"符号编号"文本框中命名符号编号；在"符号名"文本框中命名符号名；在"功能定义"文本框中选择功能定义。单击 ⊡ 按钮，弹出"功能定义"对话框，如图 10-92 所示，可根据绘制的符号类型，选择功能定义，功能定义选择"耦合器，常规，4 个连接点"，在"连接点"文本框中定义连接点，连接点为"4"，如图 10-93 所示。单击"确定"按钮，进入符号编辑环境，绘制符号外形。

图 10-92 "功能定义"对话框

图 10-93 "符号属性-My Design"对话框

2. 绘制原理图符号

（1）插入二极管元件

选择菜单栏中的"插入"→"符号"命令，弹出如图 10-94 所示的"符号选择"对话框，选择需要的元件——二极管，完成元件选择后，单击"确定"按钮，原理图中在光标上显示浮动的元件符号，选择需要放置的位置，单击鼠标左键，在符号库编辑环境中放置二极管元件，如图 10-95 所示。

图 10-94 "符号选择"对话框

功能文本

设备标识符(显示)

连接点描述[1]　　　连接点描述[2]

技术参数

装配地点(描述性)

铭牌文本

增补说明[1]

关联参考(主功能或辅助功能)

块属性[1]

图 10-95 插入二极管

（2）绘制二极管外轮廓线

选择菜单栏中的"插入"→"图形"→"直线"命令，绘制二极管外轮廓线，如图 10-96 所示。

（3）绘制线圈上的引出线

选择菜单栏中的"插入"→"图形"→"直线"命令，在轮廓上绘制出 4 条引出线，如图 10-97 所示。

图 10-96 绘制二极管外轮廓线

图 10-97 绘制引出线

（4）绘制线圈上的连接点

选择菜单栏中的"插入"→"连接点上"命令，按住【Tab】键，旋转连接点方向，单击确定连接点位置，自动弹出"连接点"属性对话框，在该对话框中，默认显示连接点号3，如图 10-98 所示，添加 2 个连接点，如图 10-99 所示。

图 10-98 设置连接点属性

图 10-99 绘制连接点

3．创建其余符号变量

选择菜单栏中的"工具"→"主数据"→"符号"→"新变量"命令，弹出"生成变量"对话框，目标变量选择"变量 B"，如图 10-100 所示，单击"确定"按钮，在"生成变量"对话框中设置变量 B，选择元变量为变量 A，旋转 90°，如图 10-101 所示。

图 10-100　"生成变量"对话框

图 10-101　"生成变量"对话框

单击"确定"按钮，返回符号编辑环境，显示变量 B，如图 10-102 所示。

使用同样的方法，旋转 180°，生成变量 C；旋转 270°，生成变量 D；勾选"绕 Y 轴镜像图形"复选框，旋转 0°、90°、180°、270°，生成变量 E、F、G、H，如图 10-103 所示。

整流桥元件符号就创建完成了，如图 10-104 所示。

图 10-102　变量 B

变量 C

变量 D

变量 E

变量 F

变量 G

变量 H

图 10-103　整流器变量

设备标识符(显示)

连接点描述 [2]

连接点描述 [3]

连接点描述 [4]　　连接点描述 [1]

技术参数
装配地点(描述性)
铭牌文本
增补说明 [1]

图 10-104　整流桥绘制完成

10.4.5　绘制主电路 2

10.4.5　绘制主电路 2（步骤 1～7）插入 PLC

　　BS516 型细纱机中 M2 是滴油电动机，受中间继电器 KA3 控制。T2 是多绕组电源变压器，220V 电源供 PLC 和滴油电动机 M2 使用。24V 电源经整流后供单片机制动器 Y2 制动用。10V 电源供指示灯用，进入主电路 2 原理图编辑环境。

1. 插入信号灯元件

　　选择菜单栏中的"插入"→"设备"命令，弹出如图 10-105 所示的"部件选择"对话框，选择需要的元件部件——信号灯，完成元件选择后，单击"确定"按钮，原理图中在光标上显示浮动的元件符号，选择需要放置的位置，单击鼠标左键，在原理图中放置元件 H1、H2，如图 10-106 所示。

图 10-105　"部件选择"对话框

图 10-106 放置元件 H1、H2

2. 插入电机元件

选择菜单栏中的"插入"→"符号"命令，弹出如图 10-107 所示的"符号选择"对话框，选择需要的元件部件——电机，完成元件选择后，单击"确定"按钮，原理图中在光标上显示浮动的元件符号，选择需要放置的位置，单击鼠标左键，在原理图中放置元件 M2，如图 10-108 所示。

图 10-107 "符号选择"对话框

图 10-108 插入电机 M2

3. 插入多绕组电源变压器

选择菜单栏中的"插入"→"符号"命令，弹出如图 10-109 所示的"符号选择"对话框，选择需要的元件部件——多绕组电源变压器，单击"确定"按钮，完成设置，原理图中在光标上显示浮动的元件符号，选择需要放置的位置，单击鼠标左键，在原理图中放置设备

T2，结果如图 10-110 所示。

图 10-109 "符号选择"对话框

图 10-110 放置变压器

4. 插入熔断器

选择菜单栏中的"插入"→"符号"命令，弹出如图 10-111 所示的"符号选择"对话框，选择需要的元件部件——熔断器，单击"确定"按钮，完成设置，原理图中在光标上显示浮动的元件符号，选择需要放置的位置，单击鼠标左键，在原理图中放置熔断器 FU1。

图 10-111 "符号选择"对话框

选择菜单栏中的"插入"→"设备"命令,弹出如图 10-112 所示的"部件选择"对话框,选择需要的元件部件——熔断器,单击"确定"按钮,完成设置,原理图中在光标上显示浮动的元件符号,选择需要放置的位置,单击鼠标左键,在原理图中放置熔断器 F1、F2。双击设备,弹出"属性(元件):常规设备"对话框,输入设备标识符 FU2、FU3,结果如图 10-113 所示。

图 10-112 "部件选择"对话框

图 10-113　放置熔断器

5. 插入开关

选择菜单栏中的"插入"→"符号"命令，弹出如图 10-114 所示的"符号选择"对话框，选择需要的元件部件——开关，单击"确定"按钮，完成设置，原理图中在光标上显示浮动的元件符号，选择需要放置的位置，单击鼠标左键，在原理图中放置开关 SB，结果如图 10-115 所示。

图 10-114　"符号选择"对话框

图 10-115　放置开关

6. 插入整流器

选择菜单栏中的"插入"→"符号"命令，弹出如图 10-116 所示的"符号选择"对话框，选择需要的元件部件——整流器，单击"确定"按钮，完成设置，原理图中在光标上显示浮动的元件符号，选择需要放置的位置，单击鼠标左键，在原理图中放置元件 V，结果如图 10-117 所示。

图 10-116　"符号选择"对话框

图 10-117 放置整流器

7. 插入 PLC

选择菜单栏中的"插入"→"设备"命令，弹出如图 10-118 所示的"部件选择"对话框，选择需要的元件部件——线圈，单击"确定"按钮，完成设置，原理图中在光标上显示浮动的元件符号，选择需要放置的位置，单击鼠标左键，在原理图中放置线圈，双击线圈，弹出属性设置对话框，如图 10-119 所示，修改线圈名称为 PLC。使用同样的方法，放置单片机制动器元件 Y2，结果如图 10-120 所示。

图 10-118 "部件选择"对话框

图 10-119 属性设置对话框

图 10-120 放置线圈

8. 插入继电器常开触点

选择菜单栏中的"插入"→"符号"命令，弹出如图 10-121 所示的"符号选择"对话框，选择需要的元件部件——触点，单击"确定"按钮，完成设置，原理图中在光标上显示浮动的元件符号，选择需要放置的位置，单击鼠标左键，在原理图中放置继电器常开触点 KA3、KA4，结果如图 10-122 所示。

选择菜单栏中的"插入"→"连接符号"→"角（左下）"命令，连接原

10.4.5 绘制主电路 2～10.4.7 编译并保存项目

理图，如图 10-123 所示。

图 10-121　"符号选择"对话框

图 10-122　放置继电器常开触点

图 10-123　连接原理图

9. 插入端子

选择菜单栏中的"插入"→"符号"命令,弹出如图 10-124 所示的"符号选择"对话框,选择需要的元件部件——端子,完成元件选择后,单击"确定"按钮,原理图中在光标上显示浮动的元件符号,选择需要放置的位置,单击鼠标左键,在原理图中放置端子,如图 10-125 所示。

图 10-124 "符号选择"对话框

图 10-125 插入端子

10. 放置文本标注

选择菜单栏中的"插入"→"图形"→"文本"命令,弹出"属性(文本)"对话框,在文本框中输入"220V",如图 10-126 所示。

图 10-126 文本框属性设置对话框

单击"确定"按钮,关闭对话框,移动光标到需要放置文本的位置处,单击鼠标左键,完成当前文本放置。

此时鼠标仍处于绘制文本的状态,继续绘制其他的文本,单击右键选择"取消操作"命令或按【Esc】键,便可退出操作,原理图标注结果如图 10-127 所示。

图 10-127 标注原理图

10.4.6 报表输出

1. 生成报表项目

选择菜单栏中的"工具"→"报表"→"生成报表项目"命令,自动生成带有报表模板的项目文件。弹出"生成报表项目"对话框,如图 10-128 所示,选择项目文件,单击保存按钮,显示复制文件进度对话框,进度完成后,在"页"导航器中显示创建的报表项目文件，如图 10-129 所示。

图 10-128　"生成报表项目"对话框

图 10-129　生成报表项目

2. 生成标题页

1）选择菜单栏中的"工具"→"报表"→"生成"命令，弹出"报表"对话框，如图 10-130 所示，在该对话框中打开"报表"选项卡，选择"页"选项，展开"页"选项，显示该项目下的图纸页为空。

图 10-130　"报表"对话框

2）单击"新建"按钮 ⊞，打开"确定报表"对话框，选择"标题页/封页"选项，如图 10-131 所示。单击"确定"按钮，完成图纸页选择。

图 10-131　"确定报表"对话框

3）弹出"设置：标题页/封页"对话框，如图 10-132 所示，选择筛选器，单击"确定"按钮，完成图纸页设置。弹出"标题页/封页（总计）"对话框，如图 10-133 所示，显示标题页的结构设计，输入高层代号与位置代号，可输入当前原理图的位置，也可以创建新的高层代号与位置代号。

图 10-132　"设置：标题页/封页"对话框

图 10-133　"标题页/封页（总计）"对话框

4）单击"确定"按钮，完成图纸页设置，返回"报表"对话框，在"页"选项下添加标题页，如图 10-134 所示。单击"确定"按钮，关闭对话框，完成标题页的添加，在"页"导航器下显示添加的标题页，如图 10-135 所示。

图 10-134　"报表"对话框

图 10-135　生成标题页

3. 生成目录

选择菜单栏中的"工具"→"报表"→"生成"命令，弹出"报表"对话框，在该对话框中打开"报表"选项卡，选择"页"选项，展开"页"选项，单击"新建"按钮 + ，打开"确定报表"对话框，选择"目录"选项，如图 10-136 所示。单击"确定"按钮，完成图纸页选择。

图 10-136 "确定报表"对话框

弹出"设置：目录"对话框，如图 10-137 所示，选择筛选器，单击"确定"按钮，完成图纸页设置。弹出"目录（总计）"对话框，如图 10-138 所示，在"页导航器"列表下选择当前原理图的位置。

图 10-137 "设置：目录"对话框

图 10-138 "目录（总计）"对话框

单击"确定"按钮，完成图纸页设置，返回"报表"对话框，在"页"选项下添加目录页，如图 10-139 所示。单击"确定"按钮，关闭对话框，完成目录页的添加，在"页"导航器下显示添加的目录页，如图 10-140 所示。

图 10-139 "报表"对话框

图 10-140 生成目录页

10.4.7　编译并保存项目

选择菜单栏中的"项目数据"→"消息"→"执行项目检查"命令，弹出"执行项目检查"对话框，如图 10-141 所示， 在"设置"下拉列表中显示设置的检查标准。

图 10-141　"执行项目检查"对话框

单击"确定"按钮，自动进行检测。选择菜单栏中的"项目数据"→"消息"→"管理"命令，弹出"消息管理"对话框，如图 10-142 所示，显示系统的自动检测结果。本例没有出现任何错误信息，表明电气检查通过。

图 10-142　"消息管理"对话框

参 考 文 献

［1］ 云智造技术联盟. EPLAN 电气设计从入门到精通[M]. 北京：化学工业出版社，2020.

［2］ 天工在线. 中文版 EPLAN P8 2022 电气设计从入门到精通：实战案例版[M]. 北京：中国水利水电出版社，2023.

［3］ 乐健，解江坤. EPLAN Electric P8 2022 电气设计自学速成[M]. 北京：人民邮电出版社，2022.

［4］ 闫少雄，赵健，王敏. EPLAN Electric P8 2022 电气设计完全实例教程[M]. 北京：机械工业出版社，2022.

［5］ 闫聪聪，段荣霞，李瑞，等. EPLAN 电气设计基础与应用[M]. 北京：机械工业出版社，2020.